ÉCHINIDES

FOSSILES DE L'ALGÉRIE

DESCRIPTION
DES ESPÈCES DÉJA RECUEILLIES DANS CE PAYS
ET CONSIDÉRATIONS SUR LEUR POSITION
STRATIGRAPHIQUE

PAR

MM. COTTEAU, PERON & GAUTHIER

PREMIER FASCICULE

TERRAINS JURASSIQUES

AVEC HUIT PLANCHES

PARIS
G. MASSON, ÉDITEUR
LIBRAIRE DE L'ACADÉMIE DE MÉDECINE
Boulevard Saint-Germain, derrière l'École de Médecine.

1883

ÉCHINIDES FOSSILES DE L'ALGÉRIE

DESCRIPTION

DES ESPÈCES DÉJA RECUEILLIES DANS CE PAYS

ET CONSIDÉRATIONS SUR LEUR POSITION STRATIGRAPHIQUE

PAR

MM. COTTEAU, PERON et GAUTHIER

PREMIER FASCICULE

TERRAINS JURASSIQUES

I

INTRODUCTION

En essayant de faire connaître les richesses en échinides fossiles que renferme le sol de notre colonie d'Afrique, nous avons entrepris une œuvre qui, nous ne pouvons nous le dissimuler, est condamnée à une grande imperfection. Dans l'état actuel de nos connaissances sur la géologie de l'Algérie, notre prétention ne peut être que d'énumérer une partie, peut-être minime, des échinides dont on peut rencontrer les restes dans cette vaste région. Quand nous considérons le grand nombre d'espèces nouvelles que cinq ou six ans de recherches ont mises en notre possession, quand nous voyons quelles étendues de terrain sont restées jusqu'ici à peu près inexplorées, nous ne pouvons avoir aucun doute sur la quantité de matériaux qui resteront en dehors de notre travail. Néanmoins, tout persuadés que nous sommes de cette imperfection, qui d'ailleurs, à un degré plus ou moins élevé, est commune à toutes les œuvres de cette nature, nous entreprenons la nôtre avec confiance, car nous sommes également persuadés du réel intérêt qu'elle offrira et de son utilité considérable pour l'histoire géologique de l'Algérie.

Notre colonie est un pays véritablement privilégié pour les

gisements d'oursins fossiles. A l'exception des terrains les plus anciens, tous les autres étages de la nomenclature géologique en renferment, et souvent en quantité prodigieuse. Aucune autre classe du règne animal n'a laissé dans les strates des restes aussi abondants; aucune ne peut être au géologue d'un aussi grand secours pour lui permettre de se guider au milieu du chaos des formations secondaires et tertiaires.

Les Céphalopodes, très abondants parfois dans les terrains de la région septentrionale, c'est-à-dire dans la zone montagneuse du Tell, manquent au contraire absolument ou deviennent fort rares dans les terrains similaires de la région saharienne ou de la chaîne des hauts plateaux. Les brachiopodes font presque entièrement défaut dans les terrains crétacés. Il en est de même des polypiers et des bryozoaires dont on ne trouve que des gisements pour ainsi dire exceptionnels.

Les Gastéropodes et les Lamellibranches sont beaucoup mieux représentés; malheureusement ils ne sont habituellement conservés qu'à l'état de moule intérieur, et l'indécision de leurs caractères spécifiques leur enlève alors une grande partie de leur utilité et de leur valeur comparative.

Seuls, les Lamellibranches ostracés peuvent rivaliser avec les échinides pour la variété des espèces, pour le nombre et le bel état de conservation des individus.

Déjà Coquand, dans sa belle monographie des huîtres du terrain crétacé, a fait connaître la plus grande partie des fossiles algériens de ce genre si important. La connaissance de ses nombreuses espèces est bien précieuse et souvent elle prêtera un appui très efficace aux déductions que nous pourrons tirer de l'étude des échinides. Mais les huîtres sont loin d'être aussi généralement répandues que les oursins. Certains terrains, très riches d'ailleurs en fossiles, en sont complétement dépourvus, comme les assises si puissantes et si riches du cénomanien d'Aumale, les couches tithoniques du Hodna, etc. L'importance des oursins, sous ce rapport, est infiniment plus considérable, et c'est pour cette raison qu'une étude sérieuse et approfondie des espèces déjà recueillies dans les divers terrains de l'Algérie nous paraît susceptible de rendre de réels services et d'aider beaucoup à la distinction des horizons géologiques, encore bien mal connus dans ce pays. Une grande confusion règne encore dans la classification des terrains en Algérie. Des erreurs nombreuses, résultat inévitable d'explorations trop rapides, ont continué à répandre bon nombre d'idées fausses, qui ont en quelque sorte pris racine dans la science, et sont constamment reproduites. Une démonstration bien complète et bien claire pourra seule peut-être les dissiper et nous voulons essayer d'y contribuer.

Notre intention, pour ces motifs, n'est donc pas de faire seulement une œuvre purement zoologique. La plupart de nos fossiles ont été recueillis, bien en place, dans des gisements étudiés avec soin ; les faunes particulières à chaque localité et, dans chaque gisement, les diverses faunes superposées ont été soigneusement isolées. Il nous sera donc possible de tirer de leur comparaison des renseignements précieux pour la distinction des étages et la parallélisation des couches avec les horizons admis dans nos classifications.

C'est dans ce but que nous joindrons à nos descriptions des espèces, pour chaque étage, une notice stratigraphique qui fera connaître la position des espèces, donnera une courte description de leur gisement, et résumera les connaissances acquises, tant sur la composition et la puissance de l'étage en question, que sur son extension géographique dans le nord africain.

Comme conséquence nous devons abandonner pour nos descriptions l'ordre zoologique, plus avantageux cependant au point de vue de la facilité du travail, et nous adopterons l'ordre chronologique, qui nous permettra de faire connaître en une seule fois, et dans son ensemble, chacune des faunes successives que nous avons remarquées.

Cette manière de faire, toutefois, n'est pas sans présenter de grands inconvénients. Dans un pays aussi peu connu que l'Algérie, où les limites des diverses formations sont encore bien indécises et leur âge relatif souvent mal défini, il est bien difficile d'attribuer exactement à chaque étage de la nomenclature française la faune qui lui est réellement propre. Nous en avons la preuve manifeste dans les divers catalogues de fossiles algériens existants déjà et qui, établis par étages géologiques, sont actuellement à remanier en grande partie. Il convient, en outre, de remarquer qu'une portion importante de nos matériaux n'ont pas été recueillis par nous-mêmes. Un bon nombre d'oursins nous ont été communiqués par des officiers ou d'autres explorateurs qui n'ont pu nous indiquer leur station réelle que d'une manière parfois bien incertaine. Nous serons donc souvent obligés de placer avec doute, dans un étage, certaines espèces dont l'âge réel ne nous paraîtra pas clairement déterminé. Nous indiquerons soigneusement notre incertitude à ce sujet, pour éviter d'induire en erreur les explorateurs futurs, et il leur appartiendra de rectifier et de compléter notre œuvre.

II

APERÇU SUR LES FORMATIONS ANTÉRIEURES AU JURASSIQUE

Nos matériaux en échinides fossiles de l'Algérie ne remontent guère au-delà des étages jurassiques moyens et supérieurs. Il n'entre donc pas dans notre cadre de donner ici une description des formations antérieures à ces étages. Toutefois, nous jugeons utile de présenter dans un résumé rapide un aperçu sur la composition et la répartition géographique, dans le nord de l'Afrique, de toutes ces formations anciennes dont nous n'aurons pas à nous occuper dans le travail que nous entreprenons.

Les formations géologiques les plus anciennes du nord africain sont celles des schistes cristallins et des terrains paléozoïques. Les premiers se composent de granite ancien, de gneiss plus ou moins stratifié, de micachiste, de phyllades satinées dans lesquelles sont enclavés des bancs de calcaire saccharoïde ou marmoréen, azoïque, accompagnés souvent de minerais métalliques et traversés de toutes parts par des filons de granite éruptif, de granulite, de pegmatite, de diorite, de porphyre quartzifère, de lherzolite et autres roches éruptives diverses et encore mal définies. Ces formations sont cantonnées sur le littoral, où elles forment une série de massifs et d'îlots alignés le long du rivage méditerranéen. On les voit principalement au Djebel Edough près Bône, à Stora, à Collo, dans la grande Kabylie, sur le versant nord du Djurjura, au cap Matifou, au mont Bouzaréah, près d'Alger, puis à Nedroma, dans la province d'Oran, et enfin au Maroc, près de Tetuan et de Ceuta (1). En outre, d'après les résultats des récentes explorations du Sahara, une puissante formation de roches cristallines existe dans le Sahara, au-delà de l'Oued Igharghar, aux monts Ifetisen. Elle y supporte l'étage dévonien et de longues coulées de basalte se montrent dans la région.

Les terrains palézoïques proprement dits paraissent plus développés dans la province d'Oran que dans les autres. Au-dessus des schistes de transition, considérés comme antésiluriens, on a reconnu des schistes rouges, des grès quartzeux à impressions végétales, des schistes satinés, ou graphitiques et maclifères avec granulites, qui paraissent devoir être considérés comme appartenant à l'époque silurienne(2). Ces dernières couches ont été observées surtout à Aïn-Tolba, à Aïn-Kebira, dans le massif des Traras, à Aïn-Fez, etc. Elles se montrent encore dans le massif d'Arzew, aux caps Carbon, Ferrat et de l'Aiguille. Les falaises de Mers-el-Kébir en sont formées, ainsi que les caps Falcon, Lindless, etc.

Un deuxième groupe de couches, comprenant des calcaires avec bivalves et polypiers, des poudingues et des conglomérats de roches primaires, a été considéré comme représentant l'époque houillère et l'étage carboniférien; sans cependant qu'on ait pu reconnaître, au-dessous de cet ensemble, les dépôts de la période dévonienne.

L'étage dévonien n'a pas encore été signalé dans l'Algérie proprement dite. Cependant on en connaît actuellement plusieurs affleurements dans l'Afrique du nord. Le plus anciennement signalé est celui que Coquand a découvert dans le Maroc et dont il a donné une description dans le Bulletin de la Société géologique (3). Son opinion au sujet de l'âge de ces couches n'est

(1) Pour les détails relatifs à la formation des schistes cristallins, voir notre mémoire sur la Constitution géologique des montagnes de la Grande Kabylie, *Bulletin de la Société géologique de France*, t. XXIV, 2e série, p. 627. Voir également les travaux de Fournel, Coquand, Ville, Pomel, Bleicher, etc.

(2) Bleicher, *Bull. Soc. géol. de Fr.* t. VIII. p. 304, 3e série.

(3) Description géologique de la partie septentrionale du Maroc, *Bull. Soc. géol. de Fr.*, 2e série, t. IV, 1847.

pas partagée par tous les géologues, et il se pourrait que cette formation dévonienne ne fût autre que le prolongement des couches de transition de la province d'Oran dont nous venons de parler.

Ce n'est vraiment que dans le Sahara méridional que le terrain dévonien paraît exister d'une manière incontestable. Le premier gisement en a été découvert dans le Fezzan, par le docteur Overweg, sur le versant méridional de l'Hamada-el-Homra, entre Mourzouk et Ghât. Il y a été recueilli le *Spirifer Bouchardi*, des Térébratules, des Crinoïdes, des Orthocères, des Sigillaires, etc.

Un autre gisement du même terrain a été rencontré par Ismaïl Bou-Derba, au pied du Tasili, non loin de Temassinin; les fossiles recueillis étaient des *Orthis* et des *Spirifer*. M. Henry Duveyrier a également observé des couches dévoniennes à Serdelès, à l'ouest de Mourzouk et au sud-est de Ghadamès.

Le gisement du Tasili a été, depuis, visité par la mission Flatters, et l'ingénieur Roche a reconnu que le plateau des Azdjer, le long de la vallée des Igharghareu, était constitué par des grès quartzeux qui doivent appartenir à l'étage devonien moyen.

Enfin, dans le grand Atlas marocain, à l'est de Mogador, les terrains paléozoïques de divers âges semblent prendre un grand développement (1). Sur le flanc méridional de la chaîne, entre le Tafilalet et l'oued Ghir, la formation gréseuse dévonienne est indiquée par la présence du *Rhodocrinus verus*, Goldfuss, fossile qui a été rapporté par un officier, lors de l'expédition de 1870.

L'étage supérieur au dévonien, c'est-à-dire l'étage carbonifērien de d'Orbigny, n'est pas représenté en Algérie d'une manière bien catégorique.

M. Bleicher, ainsi que nous l'avons dit, attribue cependant à cette époque les poudingues et conglomérats à polypiers, encrines et foraminifères des environs d'Aïn-Tolba. Ces mêmes couches étaient précédemment rapportées, avec doute, à la période permienne.

L'étage permien n'a pas encore été signalé en Algérie, et nous

(1) Pomel, le *Sahara*, p. 27.

n'avons jusqu'ici aucun indice permettant de croire à son existence dans notre colonie.

La formation triasique qui, dans l'échelle stratigraphique, surmonte le terrain permien ou penéen, ne paraît pas non plus être nettement représentée dans le nord de l'Afrique. Nous n'y connaissons rien qui rappelle le calcaire conchylien, les couches à *Ceratites nodosus* et *Encrinus liliiformis*.

Cependant Coquand a rapporté à cette époque un vaste ensemble de couches de plus de 400 mètres d'épaisseur, qu'il a observées à El-Kantour, aux Toumiettes, au Djebel Filfilah, etc., dans la province de Constantine. Ces couches sont composées de phyllades, de quartzites micacifères, d'argiles phylladiennes pourries, de schistes maclifères, de calcaires saccharoïdes, de grès grossiers et de marnes multicolores. Cet ensemble repose sur les schistes cristallins et est lui-même recouvert par les calcaires du lias inférieur. Coquand a vu dans cette série de couches les représentants des grès bigarrés et des marnes irisées; mais cette opinion n'est basée que sur la position de ces couches au-dessous du lias. Quelque probable que soit cette détermination, il peut rester quelque doute sur son exactitude, quand on considère la similitude de ces diverses couches avec celles que, dans la province d'Oran, on a rapportées soit au permien, soit au carboniférien.

Peut-être un jour trouvera-t-on quelques preuves de la présence de l'étage saliférien dans le voisinage des gisements de sel du sud algérien, mais jusqu'ici ces preuves font défaut.

III

TERRAINS JURASSIQUES INFÉRIEURS

C'est dans les montagnes du Tell que se montrent, en Algérie, les terrains jurassiques les plus anciens. Ils ne sont pas encore bien connus. Les restes organisés y sont en général rares, et les sédiments parfois transformés et rendus cristallins par le contact des roches primitives et éruptives. Il résulte cependant des études qui ont été faites, que la plupart des étages de la grande période jurassique seraient représentés en Algérie.

D'après les observations de Renou, Fournel et Coquand, les étages inférieurs existent dans la province de Constantine : dans la vallée du Saf-Saf, dans la plaine des Harectas, aux environs de Ghelma, à l'est de Philippeville, etc., etc.

Au Djebel Sidi-Cheik-ben-Rohou, les couches appartiennent au lias inférieur. Elles se composent de bancs calcaires dont la puissance dépasse 150 mètres. Ce calcaire est gris ou noirâtre et les bancs, déchiquetés en pitons aigus ou en crêtes ruiniformes, se dressent en escarpements presque inaccessibles au-dessus des autres formations. On y peut recueillir quelques Bélemnites, parmi lesquels Coquand a mentionné *Belemnites acutus*, puis d'autres fossiles comme *Ammonites Kridion*, *Pecten Hehlii*, *Pentacrinus tuberculatus*.

Nous avons observé des couches semblables entre Constantine et Sétif, auprès de l'oued Atmenia, mais les fossiles y sont petits et mal conservés.

Coquand a rapporté à ce même étage du lias les calcaires métamorphiques qui, au Djebel Filfilah, entre Philippeville et Bône, ont été exploités comme marbres statuaires; mais cette opinion n'est pas partagée par M. l'ingénieur Tissot, qui les rapporte au terrain nummulitique (1).

Au Djebel Taïa, l'âge précis des couches jurassiques n'est pas non plus nettement déterminé. Il est probable qu'ils sont d'une époque postérieure au lias et vraisemblablement de l'étage corallien.

Au Djebel Sidi-Rgheïs on a reconnu l'étage oxfordien avec *Ammonites plicatilis* et le calcaire corallien avec *Diceras arietina* et nombreux polypiers.

Dans la petite Kabylie, entre Bougie et Sétif, le lias se montre fréquemment, au Djebel Gouraïa, au Djebel Babor, etc. M. Brossard y a recueilli l'*Ammonites spinatus*, du lias moyen, les *Ammonites mimatensis*, *complanatus*, *concavus*, etc., du lias supérieur, puis des Bélemnites, des Térébratules, des Crinoïdes, des radioles d'oursins. Le même géologue a, en outre, constaté l'existence des couches de la grande oolithe ou étage bathonien, et celle de

(1) Notice géologique et minéralogique, Exposition universelle 1878.

l'étage callovien, qui se montre notamment vers l'oued Agrioun. Enfin, l'étage oxfordien existe également dans la Kabylie orientale sous la forme de calcaires rouges puissants.

Dans le tell de la province d'Alger, les couches jurassiques se montrent aussi dans de nombreuses localités. On les a signalées notamment dans la chaîne du Djurjura, entre l'Azrou-tidjer et le col de Tirourda. Elles se composent de marnes et de calcaires gris avec Bélemnites, Ammonites, Spirifers et Térébratules, et occupent une bande étroite qui a plus de 50 kilomètres de longueur.

Dans l'Ouarensenis, les terrains jurassiques sont plus riches et mieux connus. On y a distingué les étages du lias et l'étage oxfordien. Le lias y est représenté par des calcaires gris en bancs puissants, renfermant en abondance certains fossiles bien connus en France comme caractéristiques du lias moyen. Tels sont : *Ostrea cymbium*, *Rhynchonella tetraedra*, *R. meridionalis*, *Terebratula numismalis*, *T. subovoïdes*, *Spirifer rostratus*, etc. Coquand a reconnu en outre les *Ammonites oxynotus et A. Suessi*, et beaucoup de Gastéropodes nouveaux qu'il a décrits sommairement comme *Trochus ouarsenensis*, *T. monastabal*, *T. Brossardi*, *Turbo Nicaisei*, *T. afer*, *T. nabdalsæ*, etc.

L'étage oxfordien existe surtout aux environs du Kef-Sidi-Amar et sur le revers sud du Kef-Sidi-Ab-el-Kader (1). Il comprend des marnes et des calcaires de diverses couleurs sur plus de 250 mètres d'épaisseur. Les fossiles y sont abondants, surtout les Céphalopodes. On y a signalé les suivants, qui caractérisent bien l'époque : *Belemnites hastatus*, *Ammonites plicatilis*, *A. perarmatus*, *A. tortisulcatus*, *A. biplex*, *A. tatricus*, *A. athleta*, etc.

Un autre gisement de l'étage oxfordien a encore été signalé dans le sud-ouest d'Orléansville, entre le Chabet Lalla-Ouda et la rive droite de l'oued Isly.

Enfin, Nicaise affirme encore l'existence des terrains jurassiques au cap Tenès et dans le Djebel Chenoua.

C'est dans le tell de la province d'Oran que les terrains jurassiques se montrent avec leur plus complet développement. Les

(1) Nicaise, *Catalogue, etc.*, p. 8.

étages inférieurs existent sous le cap Ferrat, près d'Arzeu, dans le massif d'Oran, à Terga, au cap Falcon, etc. D'après les fossiles recueillis, M. Pomel estime que les trois étages de la période liasique y sont représentés. Ils reposent en discordance sur les schistes de transition et supportent eux-mêmes, au cap de l'Aiguille, les schistes oxfordiens, de telle sorte que les étages bajocien et bathonien feraient défaut dans ces localités.

Aux environs de Saïda, le lias existe encore sous la forme de dolomies, et l'étage oxfordo-callovien y est représenté par des marnes et des calcaires gris, avec minerai de fer oolithique et bancs de dolomie subordonnés. De nombreux fossiles, Céphalopodes, Échinides et Polypiers gisent dans ces couches. Parmi ceux que M. Bleicher y a recueillis et nous a communiqués, on peut citer l'*Holectypus punctulatus*.

Aux environs de Garrouban, le lias moyen a été reconnu, ainsi que le lias supérieur et l'oolithe inférieure. On a recueilli dans cette localité le *Spirifer rostratus* du liasien, puis les *Ammonites radiatus* et *heterophyllus* du toarcien et plusieurs Ammonites du bajocien.

M. Bleicher a encore signalé récemment (1) le lias supérieur au Djebel Santo, au-dessus d'Oran, et autres localités étudiées déjà par M. Pouyanne. Dans ces gisements, cet étage se compose de calcaires noduleux-ferrugineux avec *Ammonites bifrons*, *A. Raquinianus*. *A. complanatus*, etc., etc.; de schistes argileux avec *Posidonomya Bronni*, de calcaires compactes avec *Ammonites Holandrei*, et enfin d'un massif de marnes schisteuses très puissantes, qui renferment encore abondamment les posidonomyes déjà citées.

Au Djebel Santo, M. Bleicher, dans des schistes épais d'environ 150 mètres, a recueilli des fragments d'un échinide de petite taille, qu'il attribue avec doute au genre *Echinobrissus*. Ce sont là les restes d'échinides les plus anciens qui aient été recueillis en Algérie.

L'oolithe inférieure a été rencontrée par M. Bleicher dans les gorges profondes qui débouchent, à 2 kilomètres au nord-est de

(1) Association française, *Congrès d'Alger*, p. 585.

Saïda, sur la vallée de l'oued Saïda. Ce savant y a signalé des marnes jaunes granuleuses avec *Opis*, *Arca*, *Ostrea*, etc, et quelques échinides intéressants, *Acrosalenia* indéterminé, et *Galeropygus* voisin du *G. Baugieri* d'Orb.

Au-dessus viennent des marnes et des calcaires dolomitiques fossilifères et, enfin, des argiles bariolées qui appartiennent à l'étage callovien et renferment *Ammonites refractus*, *A. hecticus*, *A. Backeriæ*, etc. M. Bleicher conclut de cette succession que la série de Saïda doit représenter une partie du bajocien, le bathonien tout entier et l'étage oxfordo-callovien.

D'autre part, M. Pomel a signalé dans ces régions un horizon gréseux avec lits minces de marnes vertes et alternances de bancs calcaires qui, dans sa partie supérieure, renferme *Ostrea dilatata*, *Ceromya excentrica*, *Cidaris florigemma*, *Glypticus hieroglyphicus*, etc. Nous aurions donc là un représentant bien caractérisé de l'étage corallien.

A Sebdou, enfin, et à Tlemcen, le même étage existerait d'après quelques fossiles qui y ont été recueillis.

IV

TERRAINS JURASSIQUES DES HAUTS-PLATEAUX

Ces indications sommaires étant données sur les terrains jurassiques du Tell, nous décrirons avec plus de détails les gisements des régions méridionales que nous avons plus spécialement étudiés et qui nous ont fourni la riche faune échinologique que nous avons à décrire dans le présent fascicule.

Dans les hauts-plateaux de la province de Constantine, le terrain jurassique se montre en îlots assez restreints : 1° dans les montagnes à l'ouest de Batna ; 2° dans le sud de Sétif, au milieu des montagnes du Bou-Thaleb et dans quelques montagnes secondaires de cette région.

Dans ces deux gisements la succession des étages, la nature pétrologique des assises et le facies paléontologique sont identiques. La série s'y compose du jurassique moyen et du jurassique supérieur. Ce dernier terrain revêt, dans ces localités, cette forme particulière qu'on a appelée facies alpin et dont on a fait aussi un étage distinct sous le nom d'étage tithonique.

En raison de l'indécision qui règne encore sur la véritable place de cet étage dans notre nomenclature géologique, et en raison aussi de ses caractères et de sa faune tout particuliers, nous croyons devoir lui réserver une place spéciale dans nos descriptions.

Nous consacrerons donc à l'étage tithonique un chapitre particulier de notre prochain fascicule, et nous ne nous occuperons dans celui-ci que des autres étages ou des autres formes du terrain jurassique.

Les deux massifs montagneux que nous venons de citer sont les seules localités où l'on ait jusqu'ici rencontré le terrain tithonique. Dans les deux gisements, les couches subordonnées à ce terrain et les plus anciennes que l'on puisse observer, paraissent appartenir à l'époque de la grande oolithe. Au-dessus vient l'étage oxfordien bien caractérisé avec ammonites et un oursin intéressant, le *Collyrites friburgensis*, et enfin les couches à *Terebratula janitor*. En dehors de ces horizons, aucune couche jurassique ne nous a fourni d'oursins. Nous n'insisterons donc pas ici sur ces terrains, nous réservant de donner quelques détails sur leur succession, quand nous traiterons de l'étage tithonique.

Les terrains jurassiques que nous avons à étudier maintenant et qui nous ont fourni la presque totalité des échinides décrits dans ce fascicule, appartiennent à la série supérieure de la formation et représentent plus particulièrement les étages corallien, séquanien et peut-être kimméridgien. Nous en connaissons plusieurs gisements que l'un de nous a déjà décrits dans le *Bulletin de la Société géologique de France* (1). Ces terrains affectent franchement le facies corallien et se rapprochent beaucoup par leur faune de certains gisements du continent français, tels que les falaises de la pointe du Ché, les calcaires blancs de Tonnerre, etc. Dans l'opinion d'un certain nombre de géologues, les couches à *Cidaris glandifera* qui vont nous occuper seraient synchroni-

(1) Sur les terrains jurassiques supérieurs en Algérie, *Bull. Soc. géol. de Fr.*, t. XXVI, p. 517, 1869.

ques de l'étage tithonique dont nous venons de parler. Nous devons toutefois déclarer qu'en Algérie la différence entre ces deux terrains est radicale sous tous les rapports. Quel que soit leur âge relatif, lequel ne paraît pas encore nettement déterminé, on ne saurait confondre ces terrains si dissemblables, aussi bien au point de vue pétrologique qu'au point de vue paléontologique.

Le premier gisement que nous ayons observé et qui est aussi le plus considérable, est celui qui se trouve auprès de l'oasis de Chellalah et du Ksar Zerguin, dans la région des steppes de la province d'Alger, aux confins de celle d'Oran. Les couches coralliennes forment dans cette région une série de hautes collines, connues sous les noms de Djebel Ben-Ammade, Djebel Daoura, etc. De ce point elles se prolongent dans l'ouest et dans le nord-ouest, et vont former les Djebel Recchiga, D. Arbour, D. Nador, et, très vraisemblablement, au moins une partie des montagnes des environs de Frendah, dans le sud oranais. Il semble très probable, en outre, que ces couches coralliennes se relient à celles qui ont été signalées dans les environs de Saïda, formant ainsi une bande dirigée de l'est à l'ouest à travers les hauts-plateaux du sud algérien et oranais. Il y a donc dans ces contrées un vaste champ d'exploration dont nous ne connaissons qu'une faible partie. On doit espérer que beaucoup d'autres richesses paléontologiques y seront recueillies.

Le gisement de Chellalah n'est pas d'un accès très facile. Ce petit Ksar est situé en dehors de toute voie de communications suivies et les villes les plus voisines, comme Boghar et Djelfa, en sont encore distantes d'une centaine de kilomètres. C'est donc surtout dans les courses expéditionnaires qu'on peut avoir l'occasion d'explorer cette région.

Le Djebel Ben-Ammade, auquel est adossé le ksar de Chellalah, est construit en dos d'âne. Les couches y forment un bombement et, de chaque côté de l'arête culminante, on les voit plonger en sens inverse. Les couches dolomitiques résistantes qui forment la partie supérieure enveloppent tout le système, de telle sorte qu'il serait impossible de voir les couches subordonnées, si des ravins assez nombreux n'entamaient pas ce massif. En pénétrant dans ces ravins, on peut reconnaître la structure intérieure de la colline et on voit tout d'abord que de nombreuses fractures se sont produites lors du plissement des couches. C'est évidemment à la présence de ces failles qu'est due l'existence de la belle source qui donne la vie à l'oasis.

Un des meilleurs de ces ravins pour la recherche des fossiles et pour l'étude stratigraphique de la série, est celui qui débouche au sud-est des jardins, près de la source. Nous avons sur ce point relevé la succession suivante de bas en haut :

1° Banc assez épais de calcaire grossier, dolomitique par places, renfermant de nombreux petits débris de crinoïdes et d'échinides ;

2° Alternance de bancs de calcaire dur avec des marnes verdâtres et jaunâtres renfermant de nombreux polypiers, des crinoïdes, etc.;

3° Couches argileuses vertes, très fossilifères ; on y trouve de nombreuses espèces que nous croyons inédites, des genres *Mytilus, Pecten, Hinnites, Ostrea,* etc., puis de nombreux fragments de tiges de Crinoïdes, des Brachiopodes et des Échinides. Parmi les espèces déjà connues ou que nous décrivons dans ce volume, nous pouvons mentionner les suivantes :

Ostrea solitaria, Terebratula insignis, Apiocrinus Roissyi, Millericrinus subechinatus, Cidaris cervicalis, C. marginata, C. glandifera, C. carinifera, Rhabdocidaris caprimontana, Hemicidaris Agassizi, Pseudocidaris mammosa, Acrocidaris nobilis, Glypticus hieroglyphicus, etc.;

4° Bancs marneux qui deviennent plus durs et passent au calcaire compacte gris ;

5° Série de bancs de dolomies grises, roses et violacées, qui forment la partie supérieure. Ces bancs sont encore fossilifères, mais les fossiles sont difficiles à extraire et ce n'est que sur les tranches exposées à l'air que l'on peut reconnaître quelques tiges de crinoïdes et des radioles de cidaris.

Au sommet de la colline, une assise épaisse de poudingue masque les couches. On doit y reconnaître un témoin de l'extension des lacs sahariens ;

6° Au bas de la colline et sur les deux versants, les dépôts sableux et marneux, avec croûtes calcaires, du terrain saharien, viennent s'appuyer sur les dolomies coralliennes et s'étendent dans la plaine. Ces dépôts sahariens ont emprunté une bonne partie de leurs éléments aux couches coralliennes, et on y rencontre fréquemment des fossiles remaniés, notamment des radioles de *Pseudocidaris mammosa.*

Nous représentons, dans le diagramme ci-après, la disposition des couches dans cette montagne :

COUPE DU DJEBEL BEN-AMMADE.

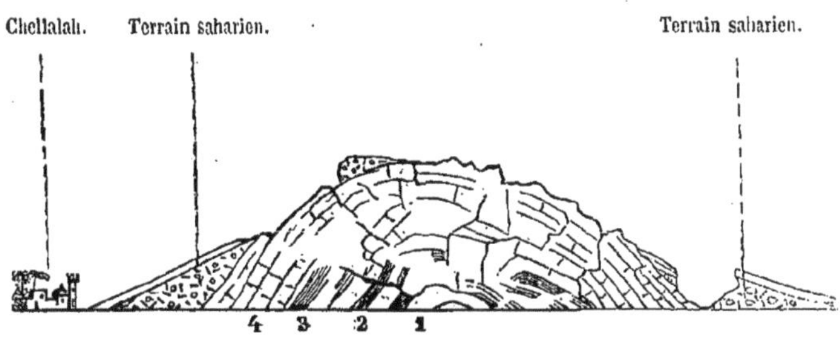

Pour avoir une coupe plus étendue du terrain corallien de la région, il faut se transporter dans la partie orientale de cette chaîne de collines, partie qui prend le nom de Djebel Daoura. Sur ce point la série est plus complète, mais les fossiles y sont moins abondants. Dans un escarpement situé au nord du Ksar Zerguin nous avons pu relever une épaisseur de 87 mètres de couches coralliennes comprenant :

1° A la base des alternances de calcaires marneux et de marnes fissiles avec nombreux filons de chaux carbonatée, cristallisée. Ces couches ne nous ont pas donné de fossiles; elles sont souvent en partie recouvertes par le terrain saharien ;

2° Banc de calcaire dolomitique jaunâtre, rouillé à la surface;

3° Autres argiles fissiles. — Bancs calcaires dolomitiques, avec *Terebratula insignis, Apiocrinus, Pentacrinus,* Radioles de *Cidaris,* etc.;

4° Marnes vertes très fissiles et calcaires argileux avec *Apiocrinus Roissyi* et *A. Murchisoni;*

5° Calcaires passant à des dolomies très dures et formant une corniche escarpée de 10 à 15 mètres de hauteur; à la base le calcaire est d'une pâte grossière; on y distingue des blocs d'une couleur différente et comme remaniés. Les assises supérieures contiennent des débris de crinoïdes et d'échinides;

6° Bancs à pâte très grossière, bréchiformes, sans fossiles;

7° Haute muraille formée par de puissantes assises de dolomie rougeâtre à cassure subsaccharoïde. Quelques parties sont pétries de crinoïdes et d'échinides bien visibles sur les surfaces exposées à l'air.

Nous figurons ci-dessous la disposition des couches dans cette colline, à l'ouest du Ksar Zerguin :

COUPE DE LA COLLINE A L'OUEST DU KSAR ZUERGUIN

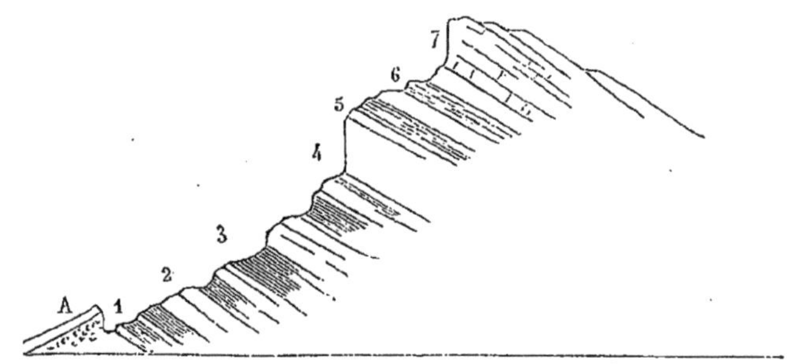

Comme on le voit, dans cet ensemble, il est difficile de distinguer plusieurs étages, et malgré la présence d'une brèche qui pourrait indiquer une interruption sédimentaire, nous ne pouvons que rapporter, au moins provisoirement, le tout à l'étage corallien.

Les couches supérieures de la série qui vient de nous occuper paraissent s'étendre beaucoup dans cette région des steppes, non seulement dans l'ouest, où l'on peut les suivre facilement, ainsi que nous l'avons dit plus haut, mais encore dans l'est et dans le sud. Leur continuité est beaucoup moins nette dans ces directions en raison des espaces considérables où les strates sont recouvertes par l'épais manteau des dépôts sahariens, mais néanmoins, en raison de leur aspect, nous croyons qu'on doit rattacher au même système les affleurements nombreux qu'on voit aux environs du caravansérail d'Aïn Ousserah, au Djebel Saïada, puis dans le sud, vers le bivouac de Taguin, etc. Il est probable que de ce dernier point elles se relient aux gisement des environs d'Aflou et de Géryville, dont nous aurons à nous occuper tout-à-l'heure.

TERRAINS JURASSIQUES DU SUD DU CERCLE DE BOU-SAADA.

Si maintenant de l'oasis de Chellalah nous nous transportons à 200 kilomètres environ dans le sud-est, dans les régions méridionales du cercle de Bou-Saada, nous rencontrerons un autre gisement du terrain corallien plus intéressant encore que celui qui vient de nous occuper, et tout-à-fait remarquable par l'abondance et la bonne conservation des fossiles qu'on y recueille. Là, pas plus qu'à Chellalah, la série des couches n'est bien considérable. C'est un simple affleurement de couches peu puissantes et leurs relations avec les autres étages de la période jurassique n'y peuvent être constatées. C'est donc la paléontologie seule qui doit nous conduire à déterminer leur âge.

Heureusement les espèces caractéristiques sont abondantes dans ces gisements et la question est facile à résoudre.

L'un de nous a raconté d'autre part (1) comment il avait été amené à rechercher ce gisement duquel quelques fossiles intéressants avaient été rapportés par MM. Reboud et Sollier, médecins militaires, amenés dans cette région par le hasard des courses expéditionnaires. Dans ces recherches, qui ont nécessité plusieurs voyages, divers affleurements non connus encore, ont été découverts, et une riche faune y a été recueillie dont nous ne pouvons faire connaître dans ce fascicule que la partie échinologique.

Ces gisements sont difficilement abordables. Ils sont situés à plus de 50 kilomètres dans le sud de Bou-Saada et en dehors du chemin qui de cette oasis conduit au bordj d'Aïn Rich. On n'y trouve ni eau, ni abri, et c'est en raison sans doute de ces circonstances qu'ils sont restés inaperçus de M. Brossard et ne figurent pas dans la carte géologique qu'il a dressée de la région.

Pour les visiter, le mieux est de venir, de Bou-Saada, s'abriter dans la maison de commandement d'Aïn Ougrab et de cette maison, avec de bons chevaux, on peut aller explorer les gisements

(1) *Bull. Soc. géol. de Fr.*, t. XXVI, p. 521.

jurassiques et revenir à Aïn Ougrab dans une même journée. Pendant l'hiver cependant on rencontre quelquefois de l'eau au pied de la montagne, ou au bivouac voisin, et des tribus arabes y viennent même camper. On peut donc alors, en apportant une tente, s'installer là pour quelques jours.

L'affleurement le plus important du terrain jurassique que nous ayons reconnus dans ce pays est celui qui forme la partie centrale d'un pic étroit et aigu, que les Arabes désignent sous le nom de Djebel Seba.

Ce pic est situé dans la plaine du Liamoun, à l'extrémité d'une vallée longue et étroite, resserrée entre deux crêtes rocheuses. A ce point ces deux crêtes s'écartent, leurs couches se redressent, et du milieu d'entre elles surgit en couches verticales le piton du Djebel Seba, qui s'élève à 1,300 mètres d'altitude.

Les calcaires qui forment cette dernière masse n'ont rien de commun avec les crêtes qui l'entourent. Celles-ci ne sont pas du même âge; une faille profonde les sépare et court le long de la vallée; la crête méridionale appartient au terrain néocomien et l'autre à l'étage cénomanien inférieur.

A un examen superficiel on peut être trompé et croire que les couches néocomiennes qui, au sud, s'appuient sur les calcaires coralliens, sont en parfaite concordance de stratification avec eux; mais il n'y a là qu'une apparence qui disparaît si l'on suit la ligne de contact et si l'on examine le profil que présente la montagne. La série, au contraire, est incomplète et discontinue, et les assises néocomiennes reposent transgressivement sur la tranche des calcaires coralliens.

Pour donner une idée suffisante de la disposition des couches dans cette montagne nous en détaillerons ci-près le diagramme.

A. — Étage néocomien, calcaires gris et lumachelles avec *Pterocera pelagi*, *Natica Pidanceti*, *Pygurus impar*, *Pygurus eurypneustes*, etc.; ces couches reposent en stratification discordante sur les calcaires coralliens C, D, E;

B. — Calcaires jaunâtres du cénomanien inférieur et peut-être de l'albien; grès et marnes;

C. — Calcaires supérieurs de l'étage corallien, bien visibles sur le flanc oriental du pic. Ils renferment d'assez nombreux

Collyrites Loryi, puis *Dysaster granulosus*, *Holectypus corallinus* et des Brachiopodes assez nombreux ;

D. — Calcaires et marnes formant une légère dépression sur le flanc de la montagne. C'est la zone fossilifère par excellence. On y trouve des Térébratules nombreuses; *T. insignis* et autres non décrites, des Rhynchonelles, l'*Ostrea solitaria*, *Mactromya rugosa*, des spongiaires, des polypiers, etc., et les oursins suivants : *Cidaris glandifera*, *C. marginata*, *C. carinifera*, *Diplocidaris gigantea*, *D. verrucosa*, *Pseudocidaris rupellensis*, *P. mammosa*, *P. subcrenularis*, *Hemicidaris crenularis*, *Rhabdocidaris caprimontana*, *Glypticus hieroglyphicus*, et enfin de nombreux fragments de tiges de crinoïdes.

E. — Calcaires très durs, ruiniformes, rougeâtres à la surface, déchiquetés, avec nombreux polypiers et spongiaires difficiles à obtenir en bon état, tiges de crinoïdes et radioles de cidaris. Ces calcaires forment un escarpement dénudé sur la face nord du pic.

F. — Marnes multicolores calcaires marneux et grès formant la base du système, dans lesquel nous n'avons pas rencontré de fossiles.

COUPE DU DJEBEL SEBA.

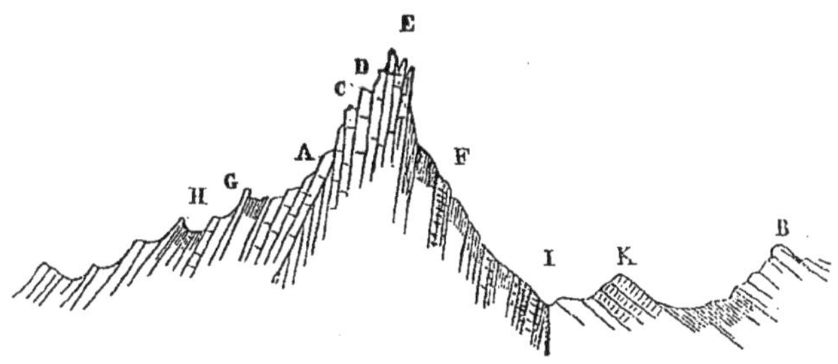

Les calcaires E forment la partie culminante de la montagne et ne se prolongent pas beaucoup à l'ouest. Sur le flanc occidental les bancs paraissent très disloqués et on y voit une grotte curieusement située près du sommet et hantée par de nombreux oiseaux de proie. En raison de la disposition presque verticale des couches il se produit souvent des éboulements. Quelques violentes secousses de tremblement de terre, qui se sont fait sentir dans ces contrées dans la journée du 5 février 1867, avaient violemment ébranlé cette montagne. Un de nos voyages s'est effectué quelques jours après et les traces de ces secousses étaient encore fort visibles. D'énormes blocs fraîchement détachés des hautes cimes avaient roulé jusque dans la plaine en creusant dans les marnes de profonds sillons; de gros genévriers violemment brisés ou déracinés par le passage de ces blocs avaient été projetés jusqu'en bas. Un douar arabe qui ce jour-là était campé au pied de la montagne a fui au plus vite et transporté ses tentes à quelques centaines de mètres plus loin.

Au fond de la vallée, au point I, il y a une solution de continuité évidente. Les couches sont bouleversées; sur une dizaine de mètres de longueur on ne distingue plus la stratification, puis on tombe subitement sur une série de bancs calcaires K, plongeant de 150° environ vers le nord. C'est là la base de l'arête nord dont nous avons parlé, et cette base appartient à l'étage albien.

La faille qui suit le fond de la petite vallée et sépare les couches néocomiennes des assises albiennes, se prolonge dans la direction d'Aïn-Melah, et c'est de cette faille que sortent vraisemblablement les sources salées qu'on voit dans cette dernière localité.

Ainsi que nous l'avons dit plus haut, le premier indice que l'on ait eu sur la présence du terrain jurassique supérieur dans le sud de Bou-Saada, est dû à MM. Reboud et Sollier qui y avaient recueilli des fossiles caractéristiques. Mais ces fossiles ne provenaient pas de la montagne du Djebel Seba que nous venons d'examiner; ils provenaient d'un autre petit affleurement situé à quelques kilomètres du pic de Seba dans la direction de l'ouest. Nous avons pu également retrouver ce gisement; il est situé près d'un petit col ou passe le ruisseau ordinairement à sec et le chemin qui conduit d'Aïn-Rich à Aïn-Mgarnez. Un petit bassin qui pendant l'hiver est rempli d'eau douce permet aux troupes expéditionnaires de camper en cet endroit.

Nous avons adopté, pour désigner cette localité, le nom de bivouac de Makta-Liamoun, qui est habituellement employé.

Le gisement de Makta-Liamoun est encore plus intéressant que le Djebel Seba au point de vue paléontologique. Les couches y sont plus marneuses et les fossiles y sont plus abondants et mieux conservés. Certaines espèces comme les fragments de tiges d'*Apiocrinus* et de *Millericrinus*, les radioles de Cidaris, les Brachiopodes s'y trouvent en quantités considérables.

L'affleurement toutefois n'est pas très étendu. Il se compose seulement d'une petite série de couches redressées qui font saillie au-dessus des touffes d'alfa. Ces couches, quoiqu'elles soient le prolongement évident de celles du Djebel Seba, ne se trouvent pas sur l'alignement de ces dernières et leur direction indique que des fractures séparent les deux séries. Elles sont, comme celles que nous avons déjà examinées, fortement redressées et plongent à 70° environ dans le sud-est. Leur composition est plus variée et les parties marneuses y sont plus développées. D'ailleurs la succession générale paraît être la même.

Nous résumons nos observations relatives à ce gisement dans le diagramme ci-dessous dont nous allons examiner les assises successives.

COUPE DE MAKTA-LIAMOUN A L'OUEST DU DJEBEL SEBA

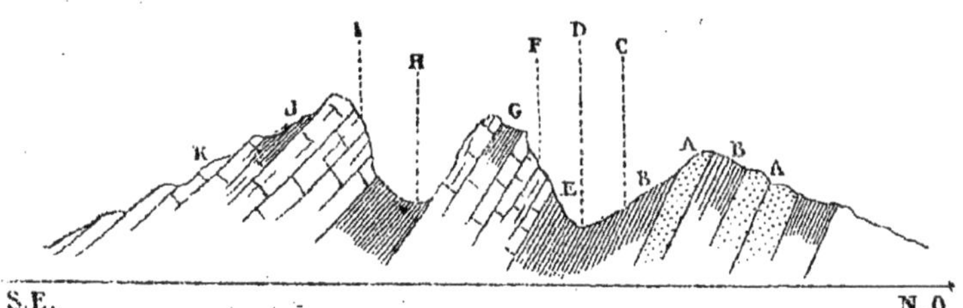

A. — Grès rougeâtres alternant avec des marnes violacées. Nous n'avons pu examiner ces couches avec toute l'attention désirable, le ruisseau qui passe en D ayant été converti en torrent par des pluies récentes et nous ayant empêché de les approcher suffisamment.

B. — Marnes multicolores, sans fossiles (?).

C. — Chemin d'Aïn-Rich à Aïn-Mgarnez.

D. — Ruisseau.

E. — Marnes vertes sans fossiles.

F. — Couches de calcaire blanchâtre en petits rognons marneux détachés. Un banc de calcaire solide, un peu irrégulier et ferrugineux par places, divise ce niveau. Cet ensemble est très riche en radioles de *Cidaris glandifera* et autres radioles. On y trouve aussi les *Cidaris millepunctata*, *Acrocidaris nobilis*, *Glypticus hieroglyphicus* et de nombreux polypiers. Nous y avons recueilli aussi un crustacé inconnu, des calices d'Antedon qui paraissent appartenir à l'*Antedon Gresslyi*, Étal.; des spongiaires, etc.

G. — Bancs calcaires marneux jaunâtres très riches en radioles de *Pseudocidaris rupellensis;* ces radioles bizarres se trouvent agglomérés en grande quantité et ils atteignent souvent une taille considérable. Une petite assise marneuse, qui vient ensuite, renferme des Crinoïdes et un grand nombre de Rhynchonelles, parmi lesquelles la *Rhynchonella inconstans*, très abondante. Nous signalerons dans cette couche une Rhynchonelle de très grande dimension, qui nous est inconnue et qui est certainement une des plus grandes du genre. Une couche calcaire qui termine cette série est dénudée sur une grande surface et forme une muraille longeant la petite dépression ou passe le sentier arabe qui rejoint le chemin d'Aïn-Rich. Au pied de cette muraille nous avons recueilli encore des Rhynchonelles, puis les radioles des *Cidaris cervicalis*, *C. platyspina*.

H. — Argiles vertes formant une étroite dépression ou passe le sentier arabe. Dans les couches supérieures ces marnes sont remplies de petits rognons ferrugineux.

I. — Calcaires très marneux jaunâtres, en plusieurs bancs, d'une richesse extraordinaire en tige de Crinoïdes, radioles de Cidaris et autres fossiles; *Apiocrinus Roissyi*, *A. Murchisoni*, *Millericrinus subechinatus*, *Pentacrinus*, etc., *Cidaris acrolineata*, *C. lineata*, *C. platyspina*, *C. Blumenbachi*, *C. cervicalis*, *C. marginata*, *C. glandifera* (abondant.) *Rhabdocidaris caprimontana*, *R. virgata*, *Pseudocidaris mammosa* (abondant), *P. rupellensis*, *Pseudodiadema florescens*, de nombreux spongiaires tels que *Eudea corallina*, *Pareudea jurassica*, *Amorphospongia*, etc.

J. — Marnes d'un gris verdâtre peu fossilifères;

K. — Série de bancs calcaires, très durs, dolomitiques, rougeâtres à la surface, et polis en certains endroits comme du marbre. Ces bancs sont les dernières assises visibles de la série. Ils descendent sans être recouverts jusqu'au niveau de la plaine où ils sont masqués par le terrain saharien superficiel.

Après l'énumération que nous venons de faire des principaux fossiles et en particulier des échinides recueillis tant dans ces couches que dans celles du Djebel Seba et de l'Oasis de Chellalah, il paraît inutile d'insister sur leur similitude.

Une bonne partie des espèces recueillies étant déjà connues en France dans les gisements des étages corallien inférieur et supérieur, il nous semble hors de doute que les assises qui viennent de nous occuper doivent être attribuées à cette époque.

TERRAINS JURASSIQUES DANS L'EXTRÊME SUD DES PROVINCES D'ALGER ET D'ORAN.

Si maintenant, des régions méridionales du cercle de Bou-Saada, nous nous transportons aux environs de Laghouat et de Géryville, nous pouvons observer encore de nombreux affleurements du terrain jurassique supérieur. Le facies n'y est plus complètement semblable à celui des couches que nous venons d'étudier et les fossiles y sont sensiblement différents. Nous pensons cependant qu'on doit y voir encore l'étage séquanien et très vraisemblablement aussi l'étage kimméridgien.

C'est grâce aux recherches de MM. Le Mesle et Durand que nous connaissons ces gisements. M. le commandant Durand a recueilli notamment, dans les environs de Géryville, de nombreux et magnifiques oursins ornés encore de tous leurs radioles, que nous décrivons dans la deuxième partie de ce fascicule.

Une partie des affleurements jurassiques des environs de Laghouat ont été primitivement par nous compris, au moins partiellement, dans l'étage néocomien. Cette détermination avait été prise sur quelques indications de nos correspondants, mais la présence de quelques fossiles à facies jurassique très prononcé nous avait laissé des doutes que nous avons exprimés.

Actuellement nous sommes convaincus que l'étage corallien supérieur y est largement réprésenté, ainsi sans doute que l'étage kimméridgien.

Dans la plupart des localités en question, de même qu'au

Djebel Kerdada, près Bou-Saada, et au Djebel Seba, les couches jurassiques sont en contact direct avec les couches crétacées inférieures, mais contrairement à ce qui a lieu dans cette dernière localité on n'a pu constater ni discordance de stratification, ni solution de continuité. Il y a donc lieu de croire que les couches se suivent sans aucune interruption et par suite, la séparation des deux périodes y devient d'autant plus difficile que les fossiles y sont plus rares.

C'est ainsi qu'il en est probablement au Djebel Lazereg, au nord de Laghouat, dont les couches les plus inférieures, celles qui forment le sommet et renferment des polypiers et des nérinées, doivent appartenir au jurassique supérieur, tandis que celles qui leur sont superposées immédiatement appartiennent au néocomien. Ainsi encore il doit en être au Djebel Merkeb et autres centres montagneux assez nombreux.

Ces divers gisements sont situés dans le nord-ouest de Laghouat. Quelques-uns ont été plus particulièrement étudiés soit par M. Le Mesle, soit par M. Durand. Tel est le Djebel M'daouer, colline qu'on rencontre au-delà de Tadjemout, en suivant le chemin de Laghouat au bordj d'Aflou, par la vallée de l'Oued Mzi. La base de cette montagne est composée de calcaires gris avec *Nautilus*, *Ceromya excentrica* et autres fossiles coralliens et kimméridgiens.

Le kheneg de Seklafa que l'on rencontre plus loin encore dans la direction d'Aflou, paraît composé de la même façon. La partie supérieure de la montagne est formée par des grès puissants en bancs épais, sans fossiles ; au-dessous se trouve un petit banc de lumachelle très fossilifère avec tiges d'*Apiocrinus* et radioles d'oursins curieux et nouveaux, auxquels nous avons donné le nom de *Rhabdocidaris Durandi*.

Au-dessus encore on observe des bancs de calcaire gris bleuâtre avec un grand nautile à dos carré qu'il ne nous a pas été donné d'examiner, puis de nombreux individus de *Ceromya excentrica*, bien identiques à ceux de cette même espèce qu'on rencontre en abondance à la Pointe du Ché, à Chatelaillon et aussi dans le kimméridgien de l'Aube et de beaucoup d'autres localités.

Au Djebel Merkeb, cette même couche à *Ceromya excentrica* reparaît, mais M. Durand n'y a pas retrouvé la lumachelle à *Rhabdocidaris Durandi*. Par contre, il y a découvert une assise pétrie de Polypiers.

Un autre gisement plus étendu et plus important du terrain jurassique supérieur a été découvert par M. le commandant Durand auprès de Géryville. C'est là que ce zélé explorateur a recueilli les magnifiques oursins dont nous avons parlé plus haut. Ils y sont empâtés dans une roche calcaréo-siliceuse très dure, et ce n'est qu'à l'aide de l'acide chlorhydrique et avec des soins minutieux, que notre correspondant est parvenu à les dégager. Ces oursins sont à peu près tous d'espèces nouvelles et spéciales à cette localité. Nous n'y rencontrons aucune des espèces de Chellalah ni du Djebel Seba et nous sommes portés à croire qu'ils représentent un niveau un peu supérieur.

Les assises dont il est question constituent le Drâ-el-Ahmar, grande colline située au nord de Géryville. La coupe détaillée de ce gisement que M. Durand a bien voulu nous communiquer, comprend une épaisseur de plus de 600 mètres de couches superposées en série continue et elle embrasse le jurassique supérieur et le crétacé inférieur. Nous indiquons ci-après la succession des assises et des niveaux fossilifères, ainsi que la répartition des échinides dans les couches de cette intéressante localité. Ces couches sont régulièrement inclinées du nord au sud, sans interruption sédimentaire apparente et sans discordance de stratification. On observe du nord au sud, c'est-à-dire de la base du système à la partie supérieure, la série suivante :

A. — Succession de grès rougeâtres qu'on peut suivre sur une épaisseur de près de 100 mètres ; ces grès, à l'extrémité de la coupe, disparaissent sous les éboulis et le terrain saharien horizontal.

B. — Grès à surface noire.

C. — Lits de marne schisteuse avec traces de lignite.

D. — Grès roses, bruns et noirâtres.

E. — Grès en plaquettes.

F. — Calcaire avec *Ceromya excentrica*, *Ostrea* n. sp. et nombreux oursins, *Pygurus Durandi*, *Hemicidaris stramonium*, *Pseu-*

docidaris Durandi, Pseudodiadema planissimum, P. mamillanum, P. oranense.

Au-dessus de cette couche se trouve une assise de calcaire blanc pétrie de débris de coquilles avec quelques rares radioles de *Rhabdocidaris.*

G. — Calcaire bleu avec *Pseudocidaris Durandi*, gisement principal, *Acrosalenia libyca, Pygurus geryvillensis,* natices, etc. Le niveau G présente encore des calcaires avec polypiers, spongiaires, crinoïdes, puis des nérinées et des huitres à test costulé.

H. — Couches à polypiers avec tiges de crinoïdes, dents de *Pycnodus*, etc.; couche grise pétrie de *Rhabdocidaris Durandi;* on y trouve encore quelques rares *Pseudocidaris Durandi.* Au-dessous, on remarque une lumachelle très fine avec grosses térébratules. Ces térébratules paraissent bien appartenir au type *T. subsella* du corallien supérieur et du kimméridgien ; des *Natica, Mytilus, Pinna* et un *Pygurus* que nous décrivons sous le nom de *P. geryvillensis* ;

I. — Grès en plaquettes, calcaires bleuâtres et lumachelles avec *Cerithium* (?) et coquilles bivalves. On y trouve aussi un *Nautilus* à dos anguleux.

L'ensemble des couches ci-dessus, de A à I inclusivement, comprend une épaisseur totale de 180 mètres environ. Les assises sont très redressées et presque verticales. Le plongement a lieu du nord-ouest au sud-est.

J. — Grands bancs de grès rougeâtres ou noirâtres en série ininterrompue de plus de 200 mètres d'épaisseur. Ces grès forment les couches de jonction entre les formations jurassique et crétacée et représentent peut-être les étages les plus élevés de la période jurassique (kimméridgien et portlandien)? ;

K. — Série de bancs de calcaires, de marnes bleuâtres et grises et de lumachelles, avec nombreux fossiles du terrain néocomien algérien ; *Ostrea Eos, Ostrea Marcsi, Mytilus, Terebratula prælonga, Pseudocidaris clunifera, Cidaris Marcsi*, etc.

L. — Marnes schisteuses et argiles jaunes, violacées, vertes, etc.

M. — Calcaire jaune caverneux ; cargneules alternant avec des marnes. Ces assises sont bien semblables à celles qui habituellement forment la base de l'étage urgo-aptien dans les environs de Laghouat et de Bou-Saada.

Telle est dans son ensemble cette série remarquable que M. Durand a étudiée avec tant de fruit. C'est certainement une des successions les plus intéressantes de la région et la plus étendue que nous connaissions, car elle comprend dans cette série de couches continues, sur une épaisseur de près de 600 mètres, vraisemblablement tout le jurassique supérieur et le crétacé inférieur.

Les couches fossilifères que nous avons examinées ci-dessus nous ont offert dans la partie jurassique, comme espèces déjà connues, les *Terebratula subsella, Hemicidaris stramonium, Pseudodiadema planissimum, P. mamillanum.*

Ces espèces appartiennent en France aux étages corallien supérieur et kimméridgien. On peut donc en conclure que les couches qui les renferment à Géryville représentent les mêmes étages. Nous rappellerons d'ailleurs que non loin de Géryville, dans des gisements qui paraissent analogues à celui de Drâ-el-Ahmar, nous avons déjà mentionné la *Ceromya excentrica*, fossile éminemment caractéristique aussi de l'étage kimméridgien.

Indépendamment des oursins mentionnés ci-dessus, M. Durand nous a communiqué deux oursins recueillis par lui dans les montagnes situées au nord d'El-Abiod-sidi-Cheik. Ces oursins proviennent d'une couche de calcaire marneux jaune qui affleure sur un petit espace, au-dessous de couches puissantes de grès, à la base du versant nord du Djebel Orada, entre cette montagne et le Djebel Mouilah, non loin du rocher de Sel des Arbaa. Le premier de ces oursins est un *Echinobrissus* de forme nouvelle que nous décrivons sous le nom d'*E. saharensis;* quant au deuxième, c'est un *Acrosalenia* que nous avons d'abord considéré comme identique à l'*Acrosalenia hemicidaroïdes*, bien connu en France comme caractéristique de notre étage bathonien. Cette détermination, si elle eût été exacte, assignait au gisement du Djebel Orada un âge plus ancien qu'aux couches du Drâ-el-Ahmar et concluait à l'existence dans ces régions de la grande oolithe qui n'y avait pas encore été signalée. Nous avons donc à ce sujet demandé à M. Durand de nouveaux renseignements sur ce gisement pour nous mettre à même d'apprécier si la stratigraphie permettait cette assimilation.

M. Durand, sans pouvoir trancher définitivement la question, nous a fourni d'intéressants détails desquels il résulte que le gisement du Djebel Oraba est très vraisemblablement synchronique des couches inférieures de Drâ-el-Ahmar. Dans ces conditions, et considérant d'ailleurs que l'état de conservation médiocre de nos échantillons ne permet pas d'en affirmer l'identité avec l'espèce bathonienne, nous les décrivons provisoirement sous le nom d'*Acrosalenia incerta*.

Il convient enfin de mentionner encore un nouvel affleurement du terrain jurassique que M. Durand a découvert dans un récent voyage, au Teniet-Temar, entre Géryville et Brizina.

Dans ce gisement M. Durand n'a pas retrouvé les oursins de Drâ-el-Ahmar, mais le facies et la succession des diverses couches et autres fossiles ne lui laissent aucun doute sur l'identité des deux gisements.

Il est très vraisemblable que bien d'autres affleurements semblables existent dans le Djebel Amour qui n'ont pas encore été étudiés. Sous ce rapport cette région mérite particulièrement d'être explorée. On peut espérer que quand cette partie de notre colonie sera complétement pacifiée et plus facilement abordable, beaucoup de faits géologiques intéressants y seront observés.

DESCRIPTION DES ESPÈCES.

Les échinides que nous allons décrire dans ce fascicule, proviennent, à peu près tous, des couches moyennes ou supérieures du terrain jurassique.

L'étage bajocien n'a donné jusqu'à présent qu'une espèce, appartenant au genre *Galeropygus;* et le lias ne nous a point fourni de matériaux. Cependant, M. Bleicher, dans une note récente (1), signale dans les couches du lias supérieur des environs d'Oran « quelques plaques ambulacraires et interambula-« craires minces, avec tubercules plats et tuberbercules grenus, « d'un échinide irrégulier de petite taille, *Echinobrissus?* »

(1). *Association française pour l'avancement des sciences.* — Session d'Alger, p. 588.

Nous n'avons pas eu à notre disposition les fragments en question; il nous est donc impossible, à notre grand regret, de les décrire plus longuement. Nous ferons, néanmoins, remarquer que, jusqu'à présent, le genre *Echinobrissus* n'a jamais été signalé au-dessous de l'étage bajocien; les débris d'échinides dont parle M. Bleicher auraient donc une grande importance, s'ils se rapportaient réellement à ce genre. D'un autre côté, les couches où ils ont été recueillis n'ont pas toujours été regardées comme appartenant au lias; et plus d'un des fossiles rencontrés par M. Bleicher dans des gisements voisins et semblables, ne laissent pas de leur donner quelque analogie avec les premiers dépôts de l'oolithe inférieure.

Collyrites friburgensis, Ooster, 1865.

Collyrites friburgensis, Cotteau, *Paléont. franç.*, Terrains jurassiques, t. IX, p. 86, pl. 19, 1867.
— — Cotteau, Peron et Gauthier, *Annales des Sc. géolog.*, t. IV, *Echin. foss. de l'Algérie*, p. 11, 1873.
— — Coquand, *Bull. de l'Acad. d'Hippone*, n° 15. p. 216, 1880.

Espèce de grande taille, large, cordiforme, fortement rétrécie en arrière, profondément échancrée en avant par le sillon ambulacraire. Partie supérieure déclive de tous côtés, bords arrondis.

Appareil apical disjoint: la partie antérieure est subcentrale; les trois ambulacres qui s'y rattachent sont peu visibles dans les exemplaires que nous avons sous les yeux; l'impair est logé dans un sillon qui se creuse davantage à mesure qu'il s'éloigne du sommet. La partie postérieure de l'appareil est rejetée en arrière, et les deux ambulacres convergent à quelque distance au-dessus du périprocte, dans la déclivité qui aboutit à l'aire anale.

Dessous presque plat dans son ensemble, assez creusé dans le passage des aires ambulacraires postérieures, bien que le plastron soit médiocrement renflé.

Péristome placé près du bord antérieur, ovale, médiocrement développé.

Périprocte marginal, assez grand, occupant l'extrémité subrostrée du bord postérieur.

Comme l'a fait remarquer l'un de nous dans la *Paléontologie Française*, les exemplaires d'Algérie sont généralement plus développés que les exemplaires européens; mais cette différence est peu importante, et ne saurait conduire à séparer les individus recueillis près de Batna du type d'Ooster. Tous les autres caractères sont parfaitement conformes; et, d'ailleurs, tous n'atteignent pas la taille exceptionnelle que nous signalons.

Localité. — Le ravin Bleu (Foum Islamem) près de Batna. On trouve la plupart des exemplaires dans des éboulis, et la muraille dont ils proviennent présente à la fois les couches supérieures de l'étage oxfordien, et les assises à *Terebratula janitor*. La couleur de la gangue semble porter à attribuer le *Collyrites friburgensis* aux couches oxfordiennes. C'est cependant dans les couches à *Ter. janitor* que l'espèce se rencontre en Europe. Assez commun.

Collections Cotteau, Schlumberger, Heinz, Papier.

Collyrites Loryi (A. Gras), d'Orbigny, 1853.

Collyrites bicordata? Cotteau, *Bull. de la Soc. géol.*, t. XXVI, p. 530, 1869.
Collyrites Loryi, Cotteau, Peron et Gauthier, *Biblioth. des H. Etudes*, section des Sc. nat., t. VIII, *Echin. foss. de l'Algérie*, p. 11, 1873.
— — Coquand, *Bull. de l'Acad. d'Hippone*, n° 15, p. 216, 1880.

Espèce de taille moyenne, épaisse, arrondie et sans échancrure en avant, un peu rétrécie et subtronquée en arrière, renflée en dessus, plate en dessous, avec bords arrondis.

Appareil apical disjoint; partie antérieure à peu près centrale ou légèrement excentrique en avant. Ambulacre impair superficiel. Les paires de pores sont assez distantes, les pores petits, obliques réciproquement, avec une tendance à se disposer en chevrons.

Ambulacres pairs droits, médiocrement élargis, montrant des pores semblables à ceux de l'ambulacre impair et semblablement disposés.

La partie postérieure de l'appareil est rejetée en arrière, à médiocre distance, bien au-dessus du périprocte. Les ambulacres sont arqués, et présentent des pores semblables à ceux des ambulacres antérieurs.

Péristome excentrique en avant, assez rapproché du bord, presque à fleur du test, subarrondi.

Périprocte ovale, situé un peu au-dessus de la moitié de la face postérieure.

Rapports et différences. — Nos exemplaires algériens, quoique médiocrement conservés, reproduisent bien tous les caractères de ceux qu'on a recueillis en Europe, et l'identité ne nous paraît pas contestable. Ils se distinguent du *Coll. bicordata* par l'absence complète de sillon antérieur, et par la position des aires ambulacraires postérieures, qui convergent un peu plus haut.

Localité. — Le *Collyrites Loryi* a été recueilli par l'un de nous au Djebel Seba, département de Contantine. — Étage séquanien. En Europe on ne l'a encore rencontré qu'à l'Echaillon, dans l'étage corallien.

Collection Peron, Cotteau, Gauthier.

Dysaster granulosus (Goldfuss) Agassiz, 1836.

Dysaster granulosus, Cotteau, *Bull. de la Soc. géol.*, 2e série, t. XXVI, p. 529, 1869.
— — Cotteau, Peron et Gauthier, *Annales des Sc. géol.*, t. IV, *Ech. foss. de l'Algérie*, p. 12, 1873.
— — Coquand, *Bull. de l'Acad. d'Hippone*, n° 15, p. 216, 1880.

Nous ne possédons qu'un exemplaire de cette espèce. Il est de taille moyenne, renflé à la partie supérieure, rapidement déclive en avant, s'abaissant en pente plus douce à la partie postérieure, tronqué en arrière.

Ambulacres disjoints; la partie antérieure est excentrique en avant; l'ambulacre impair est, près du sommet, logé dans un sillon étroit et à peine sensible, qui ne se continue pas jusqu'au bord; les pores sont petits et difficiles à distinguer. Ambulacres pairs étroits, superficiels; les pores sont à peine visibles.

Les ambulacres postérieurs convergent au-dessus du périprocte, et sont encore moins distincts que les antérieurs.

Péristome assez éloigné du bord, à fleur de test, subarrondi.

Périprocte situé au sommet de la face postérieure, peu développé, acuminé aux extrémités.

Notre exemplaire reproduit tous les détails des types européens appartenant à cette espèce ; il en diffère légèrement par un seul caractère, c'est que l'aire postérieure est coupée un peu plus obliquement que dans les individus qu'on rencontre en France. Cette divergence, peu accentuée d'ailleurs, ne nous paraît pas avoir une valeur spécifique.

LOCALITÉ. — Le *Dysaster granulosus* a été recueilli par l'un de nous au Djebel Seba. Étage séquanien. En Europe, cette espèce occupe un vaste horizon, depuis les couches supérieures de l'oxfordien, jusqu'aux argiles kimméridgiennes.

Collection Peron.

PYGURUS DURANDI, Peron et Gauthier, 1883.

Pl. I, fig. 1 et 2, et pl. II, fig. 1.

PYGURUS DURANDI, Coquand, *Bull. de l'Acad. d'Hippone*, n° 15, p. 291, 1880.

Dimensions.... Longueur, 83 mill. Largeur, 80 mill. Hauteur, 23 mill.
— 90 — 80 — 27

Espèce de grande taille, plus longue que large, ovalaire, sans rostre ni sinuosité à la partie postérieure, fortement échancrée en avant. Partie supérieure convexe, mais peu élevée; bord mince; dessous concave et ondulé.

Sommet apical à peu près central. Appareil médiocrement développé, pentagonal, ne portant que quatre pores génitaux. La plaque madréporiforme occupe le centre.

Ambulacres pétaloïdes, mal fermés, larges et longs. L'impair antérieur est un peu plus étroit que les autres ; dans tous, la forme pétaloïde disparaît à 1 centimètre environ du bord. Zones porifères larges, légèrement déprimées, composées de pores très inégaux : les externes sont longs, étroits, en forme de rainure ; les internes presque arrondis et fort petits. En dehors de l'étoile ambulacraire, les pores sont à peu près égaux, disposés d'abord en chevrons, puis simplement arrondis et obliques. L'état de nos exemplaires ne nous permet pas de constater s'ils se multiplient aux approches du péristome. Zones interporifères peu saillantes, aiguës aux deux extrémités, s'élargissant régulièrement jusqu'au milieu, où elles mesurent de 7 à 8 millimètres en largeur dans les ambulacres pairs, et à peine 6 dans l'impair.

Péristome inconnu.

Périprocte inframarginal, ovale longitudinalement, assez allongé, s'ouvrant à 4 millimètres environ du bord postérieur, dans une étroite dépression du test.

Tubercules serrés et homogènes, sauf à l'extrémité antérieure de l'ambulacre impair, où ils sont un peu plus accentués, ainsi que sur le bord des avenues ambulacraires à la partie inférieure.

Rapports et différences. Plus allongé que le *Pyg. Hausmanni*, le *Pyg. Durandi* est aussi moins épais, et s'en distingue surtout par la forte échancrure de son bord antérieur. Il se rapproche aussi du *Pyg. tenuis* par sa grande taille et sa forme déprimée ; il s'en éloigne par cette même échancrure, par sa forme moins élargie, par ses pétales ambulacraires moins longs. Les mêmes différences le séparent du *Pyg. icaunensis* et du *Pyg. Marmonti;* et la régularité du pourtour à la partie postérieure, ne permet pas de le rapprocher du *Pyg. Blumenbachi* et du *Pyg. Royerianus.*

Coquand a cité cette espèce en 1880, sans en donner ni description suffisante, ni figures, et seulement d'après les exemplaires qu'il avait vus dans notre collection.

LOCALITÉ. — Le *Pygurus Durandi* a été recueilli par M. Durand à Drâ-el-Ahmar, près et à l'ouest de Géryville, dans des couches qui renferment le *Pseudocidaris Durandi* et l'*Hemicid. stramonium*. Corallien supérieur ou kimméridgien.

Collections Durand, Gauthier.

EXPLICATION DES FIGURES. — Pl. I, fig. 1, *Pygurus Durandi* vu sur la face sup. ; fig. 2, périprocte. Pl. II, fig. 1, le même vu de côté.

PYGURUS GERYVILLENSIS, Peron et Gauthier, 1883.

Pl. I, fig. 3-5, et pl. II, fig. 2.

Dimensions.... Longueur, 59 mill. Largeur, 59 mill. Hauteur, 21 mill.

Espèce de taille moyenne, aussi large que longue, très-sensiblement échancrée en avant, fortement concave et onduleuse en dessous, à peine rostrée en arrière. Partie supérieure subconique, bord assez épais et ne présentant d'autre sinus que l'échancrure antérieure.

Sommet subcentral. Appareil apical peu développé, avec

plaque madréporiforme saillante et occupant le centre. Les quatre pores génitaux sont disposés en trapèze, les deux postérieurs étant plus écartés.

Ambulacres égaux, sauf l'impair qui est un peu plus étroit que les autres, acuminés, mais mal fermés à l'extrémité, la partie pétaloïde finissant assez loin du bord. Pores externes allongés et étroits; pores internes beaucoup moins développés, plus grands, néanmoins, surtout vers l'extrémité, que dans la plupart des espèces du genre. En dehors de l'étoile ambulacraire, ils sont à peu près ronds, obliques entre eux, et disposés par paires assez distantes. L'espace interzonaire, à la partie supérieure, est couvert de tubercules semblables à ceux qui ornent tout le test, mais un peu moins serrés.

Péristome pentagonal, excentrique en avant, situé dans une forte dépression du test. Il est entouré de cinq bourrelets très-saillants, qui terminent les aires interambulacraires. Les phyllodes sont bien développés, et montrent de chaque côté deux rangées de paires de pores arrondis et diminuant à mesure qu'ils s'éloignent du péristome.

Périprocte inframarginal, placé tout près du bord postérieur, de forme ogivale, la partie acuminée tournée vers le centre.

Tubercules uniformément répandus sur toute la surface du test, un peu plus clair-semés le long des avenues ambulacraires.

Nous ne possédons que deux exemplaires appartenant à cette espèce; encore présentent-ils entre eux des différences assez sensibles. Nous avons décrit le mieux conservé; l'autre est moins conique à la partie supérieure, plus subitement relevé en avant, et les ambulacres sont un peu plus larges. Les autres caractères paraissant identiques, il nous a semblé difficile de les séparer spécifiquement, vu la rareté de nos matériaux.

Rapports et différences. — Le *Pygurus geryvillensis* présente en avant la même échancrure que le *Pyg. Durandi;* mais il est plus large relativement à la longueur, et plus élevé, quoique de plus petite taille. Le périprocte est situé plus près du bord, et il est complétement différent de forme. L'espèce la plus voisine est certainement le *Pyg. jurensis*, Marcou. Notre type est plus grand, plus sensiblement échancré en avant, moins fortement rostré en arrière. La face inférieure est moins tourmentée ; le périprocte n'a pas exactement la même forme ; les pores internes des ambulacres sont plus allongés. Toutefois, on ne saurait nier qu'il existe entre eux de nombreuses affinités, et peut-être la possession d'un plus grand nombre d'exemplaires nous amènerait à les réunir. On pourrait aussi comparer le *Pyg. geryvillensis* au *Pyg. depressus* du bathonien. Ce dernier se distingue facilement par sa partie antérieure à peine tronquée, non échancrée, et par la forme allongée de son périprocte.

LOCALITÉ. — Environs de Géryville, avec *Pygurus Durandi.* Corallien supérieur ou kimméridgien.

Collection Durand.

EXPLICATION DES FIGURES. — Pl. I, fig. 3, *Pygurus geryvillensis*, vu sur la face sup. ; fig. 4, périprocte ; fig. 5, péristome. Pl. II, fig. 2, le même vu de côté.

ECHINOBRISSUS SAHARENSIS, Peron et Gauthier, 1883.

Pl. II, fig. 3-5.

Longueur, 23 mill. Largeur, 22 mill. Hauteur, 14 mill.

Espèce de taille moyenne, subovalaire, épaisse et pulvinée au pourtour, conique à la face supérieure, concave en dessous.

Appareil apical excentrique en avant, assez grand pour le genre ; la plaque madréporiforme occupe le milieu.

Ambulacres longs et larges relativement. Les zones porifères sont composées de pores très-inégaux, les internes petits, les externes longs et étroits. L'espace interzonaire est assez considérable. En dehors de l'étoile ambulacraire, les paires de pores sont très-petites, distantes l'une de l'autre, et les pores arrondis et disposés obliquement.

Périprocte bien développé, ovale, acuminé aux deux extrémités. Il est situé fort loin du sommet, occupant la base de la partie postérieure, dont il atteint presque le bord.

Péristome subcentral, pentagonal, situé dans une dépression sensible.

Rapports et différences. — La position extrêmement basse du périprocte donne à l'*Echinobrissus saharensis* une physionomie toute particulière qui suffirait à le distinguer de ses congénères; il faut y ajouter la longueur des pores ambulacraires externes, et la dépression où s'ouvre le péristome. Nous ne possédons qu'un exemplaire, de conservation médiocre; mais, tel qu'il est, il offre un type que nous n'avons pu rapporter à aucune des espèces connues jusqu'à ce jour.

Localité. — Pente nord du Dj. Orada, à 92 kilomètres S. O. de Géryville. M. Durand a recueilli cet échinide accompagné de l'*Acrosalenia incerta*, que nous décrirons plus loin. Il nous a été impossible, faute de documents plus complets, d'établir sûrement à quel horizon des couches jurassiques il faut le placer. Peut-être est-ce le même niveau que le *P. Durandi*.

Collection Durand.

Explication des figures. — Pl. II. fig. 3, *Echinobrissus saharensis*, vu de côté; fig. 4, face sup.; fig. 5, face inf.

Holectypus punctulatus, Desor, 1847.

Test de petite taille, circulaire, renflé et subconique à la face supérieure, assez épais au bord, légèrement creusé en dessous.

Appareil apical subpentagonal, peu developpé, montrant quatre pores génitaux. La plaque madréporiforme en occupe une grande partie. Zones porifères étroites, formées de pores disposés par simples paires, petits et arrondis. Aires ambulacraires étroites au sommet et médiocrement élargies même au pourtour.

Aires interambulacraires larges, portant une dizaine de rangées de tubercules peu développés, formant des séries incomplètes, dont deux seulement s'élèvent jusqu'au sommet. Les granules intermédiaires sont extrêmement petits, et dessinent des lignes horizontales entre les tubercules.

Le péristome n'est visible dans aucun des rares exemplaires que nous avons pu étudier.

Périprocte ovale, médiocrement développé pour le genre, acuminé à la partie interne.

Les exemplaires que nous décrivons ici nous paraissent complétement conformes à ceux qu'on a recueillis en Europe. L'*Hol. punctulatus* est, d'ailleurs, très voisin de l'*Hol. depressus*, dont il ne se distingue que par son bord plus épais, sa face inférieure moins déprimée, son périprocte un peu plus petit, et la disposition toute particulière des granules à la face supérieure.

LOCALITÉ. — Saïda, dép. d'Oran. Etage callovien.

Collection Bleicher.

Peut-être est-ce à la même espèce qu'il faut rapporter un autre exemplaire que Coquand a cité dans ses premières études sur la province de Constantine (1), sous le nom d'*Hol. depressus*, comme appartenant à la grande oolithe, et dont il ne parle plus dans son catalogue de 1880. Peut-être aussi cet individu doit-il être rapporté à l'*Hol. corallinus*, plusieurs des espèces attribuées alors par cet auteur à l'horizon de la grande oolithe ayant été reconnues depuis comme provenant des couches séquaniennes.

HOLECTYPUS CORALLINUS, d'Orbigny, 1850.

HOLECTYPUS CORALLINUS, Cotteau, Peron et Gauthier, *Annales des Sc. géol.*, t. IV, *Echin. foss. de l'Algérie*, p. 13, 1873.

Nous ne possédons qu'un exemplaire de cette espèce; encore est-il assez mal conservé. Sa forme subcirculaire, peu élevée, la partie inférieure presque plane, l'aspect général du test, nous portent à réunir cet individu à l'*Holectypus corallinus;* mais nous ne saurions affirmer l'identité d'une manière absolue, puisque des détails importants nous manquent, notamment la forme et la position du périprocte.

LOCALITÉ. — L'exemplaire dont nous parlons a été recueilli par l'un de nous au Djebel Seba, département de Constantine, dans l'étage séquanien. Cette espèce se rencontre en Europe dans toute la série supérieure des terrains jurassiques, depuis l'argovien jusqu'au portlandien. Mais elle est rare à ces niveaux extrêmes, et n'est abondante que dans les couches du corallien.

Collection Peron.

GALEROPYGUS sp.?

M. de Loriol nous a signalé un *Galeropygus* provenant des environs d'Oran, et qu'il regardait comme voisin du *Galero-*

(1) *Mém. de la Soc. d'Emulation de la Provence*, t. II, p. 277, 1862.

pygus Baugieri, Cotteau. Cet exemplaire a été égaré au moment où notre savant collègue et ami allait le déposer au chemin de fer pour nous le communiquer ; malgré les recherches les plus actives, il a été impossible de le retrouver.

Il est cité par M. Bleicher, dans ses *Recherches sur le lias supérieur et l'oolithe inférieure de la province d'Oran* (1).

Pygaster Gresslyi, Desor, 1842.

Pygaster Gresslyi, Cotteau, *Paléont. franç.*, terrains jurassiques, t. IX, p. 524, 1874.
— — Coquand, *Bull. Acad. d'Hippone*, p. 222, 1880.

Nous n'avons pas entre les mains l'exemplaire recueilli par M. Tissot ; mais l'un de nous a pu l'étudier dans la *Paléontologie française*, et, malgré sa taille plus petite, il n'est pas douteux qu'il doive être réuni spécifiquement aux individus rencontrés à Trouville, à la Rochelle et à Tonnerre.

Localité. — Le *Pygaster Gresslyi* provient de la base de Molidane, province de Constantine. Étage corallien.

Collection Chaper.

Cidaris acrolineata, Gauthier, 1873.

Pl. II, fig. 6-10.

Cidaris acrolineata, Cotteau, Peron et Gauthier, *Annales des Sc. géol.*, t. IV, *Echin. foss. de l'Algérie*, p. 13, pl. XIX, fig. 9-13, 1873.
— — Cotteau, *Paléont. franç.*, terrains jurassiques, t. X, p. 206, pl. 197, fig. 14-17, 1877.
— — Coquand, *Bull. de l'Acad. d'Hippone*, n° 15, p. 304, 1880.

Test inconnu.

Radiole assez court et épais ; facette articulaire non crénelée, bouton peu saillant ; collerette presque nulle. La base de la tige est couverte de lignes longitudinales formées par des séries de granules. Ces lignes disparaissent presque aussitôt, et tout le corps du radiole est orné d'épines obtuses ou de verrues disséminées sans ordre. Au sommet, ces épines s'alignent de nouveau, s'émoussent et donnent naissance à de petites côtes sem-

(1) Association pour l'avancement des sciences. Alger, 1881.

blables aux lignes de la base, mais plus saillantes. La réunion de ces côtes à l'extrémité de la tige forme une petite couronne.

Rapports et différences. — Les lignes de la base et du sommet, interrompues complétement sur le milieu de la tige, nous paraissent distinguer ces radioles de tous ceux qui ont été décrits jusqu'à présent.

LOCALITÉ. — Djebel Seba, département de Constantine; Chellalah, département d'Alger. Etage séquanien.

Collections Peron, Cotteau, Gauthier.

EXPLICATION DES FIGURES. — Pl. II, fig. 6 et 7, radioles du *Cidaris acrolineata;* fig. 8, sommet du radiole; fig. 9, partie sup. de la tige grossie; fig. 10, base de la tige et bouton grossis.

CIDARIS PLATYSPINA, Gauthier, 1873.

Pl. II, fig. 14-16.

CIDARIS PLATYSPINA, Cotteau, Peron et Gauthier, *Annales des Sc. géol.*, t. IV, *Echin. foss. de l'Algérie*, p. 14, pl. XIX, fig. 4-6, 1873.
— — Cotteau, *Paléont. franç.*, terrains jurassiques, t. X, p. 209, pl. 198, 1877.
— — Coquand, *Bull. de l'Acad. d'Hippone*, n° 15, p. 307, 1880.

Test inconnu.

Radiole de médiocre longueur, à facette articulaire crénelée; bouton peu saillant; collerette presque nulle. La tige est couverte dans toute sa longueur de côtes rapprochées, formées par la réunion de petits granules très-serrés. De ces côtes s'élancent à intervalles peu réguliers des épines obtuses, saillantes, aplaties et allongées dans le sens des radioles, qui donnent à l'ensemble un aspect hérissé.

Rapports et différences. — Ces radioles se rapprochent de ceux du *Cid. acrolineata;* mais ils s'en distinguent par leurs côtes qui se prolongent sur toute la longueur de la tige, par leurs épines aplaties, bien plus saillantes et disposées différemment, et surtout par leur facette articulaire crénelée. Ce dernier caractère ne permet pas de confondre les deux espèces.

LOCALITÉ. — Djebel Seba, Chellalah. Etage séquanien.

Collection Peron, Cotteau, Gauthier.

Explication des figures. — Pl. II, fig, 14 et 15, radioles du *Cidaris platyspina*; fig. 16, portion de la tige grossie.

Cidaris lineata, Cotteau, 1852.

Pl. II, fig. 11-13,

Cidaris lineata, Cotteau, *Echin. de l'Yonne*, t. I, p. 117, pl. 11, fig. 5-6, 1852.
— — Cotteau, Peron et Gauthier, *Annales des Sc. géol.*, t. IV, *Echin. foss. de l'Algérie*, p. 11, pl. XIX, fig. 14-17, 1873.
— — Cotteau, *Paléont. franç.*, terrains jurass. t. X, p. 202, pl. 197, fig. 8-13, 1877.
— — Coquand, *Bull. de l'Acad. d'Hippone*, n° 15, p. 306, 1880.

Test inconnu.

Radiole allongé, cylindrique, parfois subfusiforme, s'amincissant vers le sommet. Facette articulaire crénelée; bouton peu saillant; collerette épaisse et courte. Granulation de la tige fine et très serrée. Dans certains exemplaires, les granules forment des lignes longitudinales sur toute la tige; dans d'autres, un côté seulement est couvert de ces lignes, tandis que le côté opposé n'offre que des granules disposés presque sans ordre.

Rapports et différences. — Les radioles du *Cid. lineata* ont quelques rapports avec la figure donnée par M. Desor, dans le *Synopsis*, sous le nom de *C. Parandieri* (1) (*Cid. Blumenbachi*); mais les stries sont beaucoup moins accusées, la granulation plus fine et plus serrée. Ils se rapprochent encore plus du *Cid. subteres*, Quenstedt; ils s'en distinguent par leur col plus épais, par leur forme plus cylindrique, par les séries granuleuses qui couvrent la tige, l'autre espèce n'offrant que des stries très-fines.

Le *Cid. lineata* n'est pas spécial à l'Algérie. Il a été recueilli dans l'Yonne, à Châtel-Censoir et à Druyes, longtemps avant nos recherches dans la province de Constantine. Les exemplaires de l'Yonne n'offrent aucune différence importante avec ceux d'Afrique et nous n'hésitons nullement à les réunir.

Localité. — Djebel Seba. Etage séquanien.

Collection Peron.

Explication des figures. — Pl. II, fig. 11, 12 et 13, radioles du *Cidaris lineata*.

(1) *Synopsis*, tabl., 3, fig. 6.

Cidaris Blumenbachi, Munster, 1826.

Cidaris baculifera, Coquand, *Mém. de la Soc. d'Emul. de la Provence*, p. 280, 1862.
Cidaris Blumenbachi, Cotteau, Peron et Gauthier, *loc. cit.*, p. 15, 1873.
— — Cotteau, *Paléont. franç.*, terrains jurassiques, t. X, p. 89, pl. 166-168, 1876.

Comme en 1873, nous ne citons cette espèce qu'avec hésitation, parce que notre détermination ne repose que sur un seul radiole, à peine complet. Les côtes épineuses qui couvrent la tige, disposées comme celles des échantillons recueillis en Europe, sont un peu moins accentuées. Aussi n'enregistrons-nous le *Cid. Blumenbachi* que pour ne rien omettre de nos matériaux.

Localité. — Djebel Seba. Etage séquanien. — On le trouve abondamment répandu en France au même niveau.

Collection Peron.

Cidaris cervicalis, Agassiz, 1840.

Cidaris cervicalis, Cotteau, Peron et Gauthier, *Annales des Sc. géol.*, t. IV, *Echin. foss. de l'Algérie*, p. 16, 1873.
— — Cotteau, *Paléont. franç.*, terrains jurassiques, t. X, p. 140, pl. 180, 1876.
— — Coquand, *Bull. de l'Acad. d'Hippone*, p. 305, 1880.

Radiole allongé, subcylindrique; tige couverte de granules assez gros, qui s'alignent en séries longitudinales, plus accentuées d'un côté du radiole que de l'autre. Col épais, long, d'apparence lisse, terminé subitement, à l'endroit où commencent les côtes, par un bourrelet oblique. Bouton médiocrement saillant; facette articulaire crénelée.

Les radioles du *Cid. cervicalis* sont nombreux en Algérie; ils sont assez uniformes entre eux et ne diffèrent pas sensiblement de ceux qu'on rencontre en Europe. La taille de nos exemplaires est moyenne et n'atteint pas la longueur de quelques-uns des radioles recueillis en France.

Localité. — Djebel Seba, Chellalah. Etage séquanien. Le *Cid. cervicalis* a une étendue verticale considérable dans les couches jurassiques; on le rencontre en Europe depuis l'oxfordien inférieur jusqu'au ptérocérien.

Collections Peron, Cotteau, Gauthier.

Cidaris marginata, Goldfuss, 1825.

Cidaris marginata, Cotteau, *Bull. de la Soc. géol.*, 2e série, t. XXVI, p. 531, 1869.
— — Cotteau, Peron et Gauthier, *Annales des Sc. géol.*, t. IV, *Echin. foss. de l'Algérie*, p. 16, 1873.
— — Cotteau, *Paléont. franç.*, terrains jurassiques, t. X, p. 179, pl. 191, 1877.
— — Coquand, *Bull. Acad. d'Hippone*, p. 308, 1880.

Radioles presque cylindriques, subfusiformes, médiocrement allongés, portant des lignes longitudinales de granules régulièrement espacées. L'espace intermédiaire est garni de petites verrues et chagriné. Col très-court et assez épais; bouton peu développé; facette articulaire lisse. Ces radioles algériens n'offrent pas de différences appréciables avec ceux qu'on rencontre à La Rochelle.

Quelques plaques coronales, recueillies en même temps par l'un de nous, portent des tubercules dépourvus de crénelures, et peuvent être attribuées à l'espèce présente; d'autres, de même dimension, montrent des tubercules crénelés, et ne sauraient être sûrement déterminées.

Localité. — Djebel Seba. Etage séquanien. En Europe, on a rencontré le *C. marginata* dans le corallien de Nattheim, à La Rochelle, dans le Jura. On le cite aussi dans le kimméridgien inférieur de la Haute-Saône.

Collection Peron.

Cidaris carinifera, Agassiz, 1847.

Pl. II, fig. 17-19,

Cidaris carinifera, Cotteau, *Bull. de la Soc. géol.*, 2e série, t. XXVI, p. 530, 1869.
— — Cotteau, Peron et Gauthier, *Annales des Sc. géol*, t. IV, *Echin. foss. de l'Algérie*, p. 17, pl. XIX, fig. 1-3, 1873.
— — Cotteau, *Paléont. franç.* terrains jurassiques, t. X, p. 199, pl. 197, fig. 5-7, 1877.
— — Coquand, *Bull. Acad. d'Hippone*, p. 306, 1880.

Test inconnu.

Radiole glandiforme, épais, assez allongé, orné à l'extrémité de côtes saillantes, inégales, qui se réunissent au sommet. Trois seulement se prolongent sur toute la tige; les autres s'effacent rapidement, et le reste de la surface est couvert de stries fines, onduleuses et horizontales.

Notre unique exemplaire diffère assez sensiblement de celui qui a été figuré sur la même planche de la *Paléontologie française*, et qui provient d'Armaille, dans le Bas-Bugey. Les carènes qui descendent jusqu'au bas de la tige dans ce dernier, sont plus nombreuses, et elles sont accompagnées de côtes moins accentuées, qui manquent entièrement sur le nôtre. Néanmoins, le type paraît bien être le même. D'autres exemplaires, recueillis hors de France, offrent encore des variations plus considérables, tantôt ils sont plus glandiformes ou plus allongés, ce qui n'est probablement que le résultat de la position qu'ils occupaient sur le test; tantôt ils montrent des côtes plus nombreuses, plus serrées et descendant plus bas sur la tige. Ils conservent tous le caractère particulier d'être ornés de stries onduleuses et horizontales ; et, vu le petit nombre d'individus connus actuellement, il nous paraît difficile de les séparer spécifiquement.

Localité. — Djebel Seba. Etage séquanien. En Europe, le *Cid. carinifera* a été recueilli au mont Salève, à Wimmis, à Stramberg, localité dont la position stratigraphique a été l'objet de beaucoup de discussions. L'exemplaire du Bas-Bugey proviendrait du kimméridgien. En Algérie, le radiole que nous venons de décrire a été recueilli par M. Peron, accompagné du *C. glandifera*, du *Glypticus hieroglyphicus* et de *l'Acrocidaris nobilis*.

Collection Peron.

Explication des figures. — Pl. II, fig. 17, radiole du *Cid. carinifera*; fig. 18, sommet du radiole; fig. 19, portion de la tige grossie.

Cidaris glandifera, Goldfuss, 1826.

Cidaris glandifera, Cotteau, *Bull. Soc. géol.*, 2e série, t. XXVI, p. 530, 1869.
— — Cotteau, Peron et Gauthier, *Annales des Sc. géol.*, t. IV, *Echin. foss. de l'Algérie*, p. 18, 1873.
— — Cotteau, *Paléont. franç.*, terrains jurassiques, t. X, p. 191, pl. 196, 1877.
— — Coquand, *Bull. Acad. d'Hippone*, p. 305, 1880.

Radioles glandiformes, épais, plus ou moins renflés au milieu;

le sommet est tantôt acuminé, tantôt arrondi, et toute la tige est couverte de gros granules, rangés en lignes saillantes, rapprochées et assez régulières. Collerette à peu près nulle ; mais cette partie du radiole est toujours épaisse, et les côtes s'étendent jusqu'au bouton en s'atténuant. Anneau saillant. La facette articulaire paraît lisse.

Nos exemplaires algériens sont généralement allongés, moins renflés au milieu que certains autres, plus souvent arrondis au sommet. Mais on trouve toutes ces variétés en Syrie ; et les autres caractères concordent si bien avec le type ordinaire, qu'on ne saurait les distinguer spécifiquement.

L'un de nous a décrit récemment dans la *Paléontologie* un test de cidaris qui semble convenir en tous points aux radioles du *C. glandifera*. Un autre exemplaire de ce test a été recueilli depuis par M. Huguenin, dans les couches supérieures de la montagne de Crussol ; mais l'assimilation, toute probable, n'est pas absolument certaine, car on n'a pas encore rencontré les radioles adhérents au test. Ces radioles sont connus depuis longtemps. Les premiers exemplaires ont été rapportés de Syrie et de Palestine, où l'espèce est extrêmement abondante. On en a recueilli aussi en Europe à Lemenc (Savoie), à Ganges (Hérault), à l'Echaillon (Isère), à Rougon (Basse-Alpes).

Localité. — Djebel Seba (Constantine), Chellalah (Alger). Etage séquanien. Commun.

Collections Peron, Cotteau, Gauthier.

Cidaris millepunctata, Gauthier, 1873.

Pl. III, fig. 1 et 2.

Cidaris millepunctata, Cotteau, Peron et Gauthier, *Annales des Sc. géol.*, t. IV, *Echin. foss. de l'Algérie*, pl. XIX, fig. 7-8.
— — Cotteau, *Paléont. franç.*, terr. jurass., t. X, p. 207, pl. 198, fig. 1-4, 1877.
— — Coquand, *Bull. Acad. d'Hippone*, p. 307, 1880.

Nous ne connaissons de cette espèce que quelques plaques, mais elles nous paraissent assez caractérisées pour que nous puissions en donner une description succincte.

Zones porifères déprimées, sinueuses, composées de pores

petits, très rapprochés, séparés par un renflement granuliforme. Aires ambulacraires très sinueuses, bordées de chaque côté d'une rangée de granules peu développés, rapprochés et bien distincts. Entre ces deux rangées se trouve une bande assez large, couverte d'une granulation miliaire très fine, dense et disposée sans ordre apparent.

Tubercules interambulacraires perforés et non crénelés, fortement mamelonnés. Ils sont entourés de scrobicules assez grands et profonds, circonscrits par un cercle complet de granules, de grosseur médiocre, mamelonnés, assez espacés. Autour de ces granules se trouve une granulation miliaire fine, compacte et homogène.

Rapports et différences. — Quelque incomplets que soient les fragments que nous venons de décrire, ils constituent un type spécifique assez bien tranché. Au premier aspect, ces plaques, avec leurs gros tubercules sans crénelures, ressemblent à celles du *C. marginata*. Elles s'en distinguent, ainsi que de tous les *Cidaris* connus, par cette granulation serrée et fine, disposée sans ordre régulier entre deux rangées de granules principaux, qui couvre les aires ambulacraires. Nous ne connaissons de disposition analogue que dans le *Rhabdocidaris Cartieri*, Desor; mais notre espèce est un vrai *Cidaris*.

Localité. — Djebel Seba. Etage séquanien.

Collection Peron.

Explication des figures. — Pl. III, fig. 1, fragment du *Cid. millepunctata*; fig. 2, le même grossi.

Aux espèces que nous venons de citer, il faut ajouter le *Cidaris florigemma*, que M. Pomel déclare avoir recueilli dans le corallien du département d'Oran (1). Nous n'avons pas eu entre les mains les exemplaires en question, et nous regrettons de ne pouvoir les décrire ; mais cette espèce est si connue, que l'affirmation de M. Pomel est suffisante, et que nous n'hésitons pas à admettre le *Cidaris florigemma* dans la liste des échinides algériens.

Coquand a décrit récemment, mais sans en donner de figures, deux espèces nouvelles de *Cidaris*, établies d'après les radioles.

(1) Pomel, *Le Sahara*, p. 30, 1872.

Comme nous n'avons pas ces radioles à notre disposition, nous ne pouvons que reproduire la description qu'en a donnée l'auteur :

Cidaris Canapas, Coquand, 1880.

Cidaris Canapas, Coquand, *Bull. Acad. d'Hippone*, p. 309, 1880.

« Test inconnu.

« Radiole assez court, effilé à sa base, très renflé dans la « partie moyenne et acuminé au sommet; facette articulaire « crénelée, bouton saillant, collerette courte et crénelée; la surface « entière de la tige, jusqu'à sa rencontre avec la collerette, est « couverte de lignes longitudinales très-rapprochées, formées « par des séries de granules très-régulièrement disposées.

« Cette élégante espèce, par ses granules qui descendent jus-« qu'à la collerette, me paraît se distinguer des autres espèces « jurassiques.

« Elle a été découverte par M. Reboud, dans l'étage séquanien, « d'Aïn-Rich à Aïn-M'Garnès.

« Collection Coquand. »

Cidaris Reboudi, Coquand, 1880.

Cidaris Reboudi, Coquand, *Bull. de l'Acad. d'Hippone*, p. 308, 1880.

« Test inconnu.

« Radiole court, en forme de clou de girofle, claviforme, sub-« pentagonal, armé de sept côtes longitudinales principales, « tranchantes, descendant jusqu'à la collerette, entre lesquelles « se développent une ou deux côtes également triangulaires, « beaucoup moins développées et presque rudimentaires; « sommet coupé carrément; collerette peu développée, bouton « inconnu.

« Cette espèce a été découverte par M. Reboud, dans l'étage « séquanien, d'Aïn-Rich à Aïn-M'Garnès.

« Collection Coquand. »

RÉSUMÉ SUR LES CIDARIS

Les assises supérieures du terrain jurassique nous ont donné douze espèces appartenant au genre *Cidaris*. Ce sont : *C. acrolineata*, *C. platyspina*, *C. lineata*, *C. Blumenbachi*, *C. cervicalis*, *C. marginata*, *C. carinifera*, *C. glandifera*, *C. millepunctata*, *C. florigemma*, *C. Canapas*, *C. Reboudi*.

Toutes proviennent de l'étage corallien.

Toutes, à l'exception du *Cid. florigemma*, ont été rencontrées dans le département de Constantine. Quatre sont communes aux départements de Constantine et d'Alger : *C. acrolineata*, *C. platyspina*, *C. glandifera*, *C. cervicalis*.

Cinq seulement sont particulières à l'Algérie : *C. acrolineata*, *C. platyspina*, *C. millepunctata*, *C. Canapas*, *C. Reboudi*.

Les sept autres sont représentées en Europe.

RHABDOCIDARIS CAPRIMONTANA, Desor, 1861.

RHABDOCIDARIS CAPRIMONTANA, Cotteau, *Bull. Soc. géol.*, 2e série, t. XXVI, p. 531, 1869.
— — Cotteau, Peron et Gauthier, *Ann. des Soc. géol.*, t. IV, *Echin. foss de l'Algérie*, p. 19, 1873.
— — Cotteau, *Paléont. franc.*, terr. jurass. t. X, p. 282, pl. 218-220, 1878.
— — Coquand, *Bull. Acad. d'Hippone*, p. 314, 1880.

Radioles de grande taille, presque toujours aplatis, quelques-uns subcylindriques ou triangulaires. La tige est garnie d'épines, tantôt courtes et obtuses, tantôt saillantes ; et l'un de nos exemplaires est orné de carènes nombreuses, d'où se détachent des épines acérées. Entre les épines se trouvent des séries linéaires de petits granules, reliés entre eux par des côtes étroites, qui se continuent ou s'interrompent irrégulièrement. Collerette courte, formée par un resserrement subit de la tige.

Nous ne possédons pas, dans leur entière conservation, ces radioles largement étalés qu'on a quelquefois recueillis en France ; mais quelques fragments extrêmement plats prouvent bien qu'ils prenaient le même développement en Algérie. L'ornementation est toujours la même, et l'assimilation de nos fragments aux exemplaires européens ne nous paraît pas hasardée.

Localité. — Chellalah, Djebel Recchiga, département d'Alger. Etage séquanien. — En Europe, le *Rh. caprimontana* a été rencontré depuis les couches oxfordiennes à *Scyphia* jusqu'au séquanien.

Collections Peron, Gauthier.

Rhabdocidaris virgata, Gauthier, 1873.

Pl. III, fig. 3-8.

Rhabdocidaris virgata, Cotteau, Peron et Gauthier, *Annales des Sc. géol*, t. IV. *Echin. foss. de l'Algérie*, p. 20, pl. XIX, fig. 18-25, 1873,
— — Cotteau, *Paléont. franç.*, terr. jurass., t. X, p. 298, pl. 222, fig. 9-16, 1878.
— — Coquand, *Bull. Acad. d'Hippone*, p. 315, 1880.

Test inconnu.

Radiole fort long et assez gros, cylindrique à la base et dans une grande partie de la longueur, prenant le plus souvent, à la partie supérieure, une forme légèrement aplatie, tricarénée ou triangulaire. La tige est couverte d'épines sporadiques, quelques-unes en séries linéaires, assez rapprochées, peu saillantes et souvent émoussées. Entre les épines se trouve une granulation grossière et assez serrée. Collerette courte et épaisse; bouton saillant; facette articulaire fortement crénelée.

Aucun des radioles que nous avons pu étudier n'est entier; mais ils devaient atteindre une longueur considérable.

Rapports et différences. — Les radioles du *Rhabdocidaris virgata* ont une certaine ressemblance avec quelques exemplaires épais et subcylindriques attribués au *Rh. Orbignyana*. Ils s'en distinguent par leurs épines moins acérées et disposées en séries moins régulières, par leur granulation plus serrée et plus inégale. D'ailleurs, ils ne prennent jamais la forme tricarénée sur toute l'étendue de la tige, tandis que c'est la forme la plus habituelle dans l'espèce à laquelle nous les comparons. Cette distinction est d'autant plus importante que la plupart des exemplaires que nous possédons sont de grande taille, et ont dû, par conséquent, occuper sur le test les plaques du pourtour; or, ce sont justement les radioles correspondants, dans le *Rh. Orbignyana*, qui sont le plus fortement tricarénés et épineux. Il nous a paru qu'on pouvait réunir au type algérien certains radioles provenant du séquanien de La Rochelle et du corallien de l'Yonne. On trouve déjà dans ces couches le test du *Rhabd. Orbignyana;* mais rien ne prouve que les radioles dont nous parlons lui appartiennent, et, en outre, on ne les trouve plus dans le kimméridgien, alors que le *Rhabd. Orbignyana* est le plus abondant, et à son vrai niveau. On peut aussi rapprocher les radioles du *Rh. virgata* de ceux du *Rh. horrida;* ils s'en éloignent par leurs épines moins longues, par la granulation plus serrée qui les sépare, et par leur forme moins régulièrement cylindrique.

Localité. — Djebel Seba. Etage séquanien.

Collections Peron, Cotteau, Gauthier.

Explication des figures. — Pl. III, fig. 3, 4 et 5, radioles du *Rhabdocidaris virgata;* fig. 6, bouton et base de la tige; fig. 7, les mêmes grossis; fig. 8, autre radiole de grande taille.

Rhabdocidaris Durandi, Gauthier, 1875.

Pl. III, fig. 9-12.

Rhabdocidaris Durandi, Cotteau, Peron et Gauthier, *Ann. des Sc. géol.*, t. VI, *Echin. foss. de l'Algérie*, p. 83, fig. 97-101, 1875.
— — Coquand, *Bull. Acad. d'Hippone*, p. 315, 1880.

Nous avons décrit, en 1875, un radiole de *Rhabdocidaris* dont nous ne possédions alors que de rares fragments. Sa forme, bien caractérisée et assez particulière, nous avait engagés, malgré la pauvreté de nos matériaux, à en faire un type spécifique. Depuis, nous avons eu entre les mains une grande quantité de ces radioles, plus ou moins complets; et, en outre, M. Durand, qui les a recueillis, a été assez heureux pour en trouver quelques-uns adhérents à une partie notable du test. C'est donc en pleine connaissance de cause que nous pouvons décrire aujourd'hui cette espèce.

Test de taille moyenne pour le genre, déprimé en dessus et en dessous, circulaire, assez épais.

Zones porifères subonduleuses; pores conjugués, disposés par simples paires séparées par un bourrelet, assez serrées entre elles, régulières. Zone interporifère étroite, portant deux rangées de granules assez saillants qui la bordent de chaque côté. Entre ces deux rangées s'en trouvent deux autres bien moins développées et moins régulières.

Aires interambulacraires larges, portant deux rangées de gros tubercules, crénelés et perforés; ils sont peu éloignés des zones porifères. A la partie inférieure, ces tubercules sont petits, très-serrés, au point de se toucher presque par la base; ils sont plus distants au pourtour et à la partie supérieure. Il y en avait au moins huit ou neuf par rangée. Scrobicules elliptiques, peu profonds, presque nuls en dessous; ils sont entourés de cercles de granules peu développés. Zone miliaire médiocrement élargie; l'état de notre exemplaire ne nous permet pas d'en étudier les détails.

Radioles longs, assez grêles, ne s'élargissant pas à l'extrémité, se rétrécissant même quelquefois, subcylindriques ou légèrement aplatis. La tige est bordée de chaque côté par une rangée d'épines peu rapprochées et régulièrement alignées, rappelant assez grossièrement, dans certains exemplaires, les barbes d'une plume; la partie supérieure et inférieure en sont dépourvues, sauf de très-rares exceptions. Une granulation dense et semée sans ordre apparent couvre ordinairement le dessus du radiole; mais en dessous, les granules s'alignent ou s'effacent et sont remplacées par des stries longitudinales fines et serrées. A l'extrémité, quelques exemplaires sont comme déchiquetés, ou creusés par des fentes qui donnent naissance à de petites arêtes irrégulières. Collerette à peine rétrécie, longue d'un centimètre environ. Bouton saillant; facette articulaire crénelée. Ceux des radioles qui sont encore adhérents au test sont placés sur le quatrième et le cinquième tubercule en partant du péristome; ce sont donc presque les plus grands : ils n'ont aucune tendance à s'élargir et sont conformes au premier type que nous avons décrit.

Rapports et différences. — Le test du *Rhabdocidaris Durandi*, avec ses radioles petits et pressés à la partie inférieure, ses aires ambulacraires étroites, nous paraît se distinguer assez facilement de ses congénères. Les radioles sont fort remarquables. Ornés d'une granulation ou de stries qui rappellent les radioles des *Rh. copeoïdes* et *caprimontana*, ils sont moins épineux et n'ont aucune tendance à s'élargir comme ceux de ces deux espèces. Le diamètre des plus grands n'excède pas six millimètres, tandis que la longueur en atteint soixante.

Localité. — En décrivant cette espèce, en 1875, nous avions exprimé des doutes sur l'horizon géologique auquel l'avaient attribuée ceux qui l'avaient recueillie. Depuis, nos prévisions ont été pleinement justifiées : le *Rhabdocidaris Durandi* n'appartient pas au néocomien, mais aux couches supérieures du terrain jurassique, et a été recueilli en abondance (les radioles) dans les environs de Géryville, par M. Durand. Les premiers exemplaires provenaient du kheneg de Seklafa.

Collections Durand, Gauthier, Peron, Cotteau.

Explication des figures. — Pl. III, fig. 9, *Rhabd. Durandi*, avec radioles, vu sur la face sup.; fig. 10, face inf.; fig. 11 et 12, radioles.

Rhabdocidaris, sp.?

Pl. IV, fig. 1 et 2.

Nous désignons ainsi un fragment important d'un *Rhabdocidaris* de grande taille. Les zones porifères sont déprimées, larges au pourtour, étroites et légèrement onduleuses à la partie inférieure. Les pores sont conjugués par un petit sillon, et un bourrelet délicat sépare les paires entre elles. L'aire ambulacraire est ornée, à partir du péristome, de gros granules inégaux, formant d'abord deux rangées fort irrégulières; plus haut, les granules diminuent de volume, deviennent de plus en plus réguliers et finissent par former six rangées, dont les quatre internes sont moins bien définies et moins saillantes que les autres.

Les deux aires interambulacraires que montre notre fragment sont brisées par le milieu et n'offrent chacune que la rangée de tubercules qui avoisine les zones porifères. Ces tubercules sont bien développés, fortement mamelonnés, perforés, et, sans doute aussi, portaient des crénelures, quoiqu'un seul les ait conservées bien apparentes. Les quinze autres paraissent lisses, et cet état est dû probablement à l'action de l'acide dont on s'est servi pour nettoyer le test. Il devait y avoir neuf ou dix tubercules par série. Les scrobicules qui les entourent sont profonds, de forme ovalaire, et se confondent par la base; ils sont entourés d'une ceinture de gros granules. Les cercles scrobiculaires touchent les zones porifères à la partie inférieure de l'oursin; mais à l'ambitus ils s'en écartent sensiblement, et, dans l'intervalle, se trouve une bande granuleuse parfaitement distincte. La zone miliaire ne nous est pas parfaitement connue; elle devait être assez large.

Rapports et différences. — Nous avons cru devoir décrire ce fragment à part, ne voulant pas établir une assimilation dont nous ne sommes pas très sûrs. Mais il est facile de reconnaître que cette partie de test a des rapports étroits avec le *Rhabd. Durandi*. La disposition et le nombre des gros tubercules, la forme des cercles scrobiculaires rappellent complétement cette espèce. Cependant, les granules ambulacraires sont plus gros et plus irréguliers à la face inférieure; les tubercules principaux de l'ambitus sont plus éloignés des zones porifères. Peut-être ces différences sont-elles le résultat de l'âge, et notre fragment représente-t-il la grande taille de l'espèce précédente. Nous n'osons trancher la question pour le moment.

Localité. — Ce fragment a été recueilli par M. Durand dans les environs de Géryville, au même niveau que le *Rhabd. Durandi*, et au milieu de radioles appartenant à cette dernière espèce.

Collection Durand.

Explication des figures. — Pl. IV, fig. 1, fragment de *Rhabdocidaris*, sp.; fig. 2, profil du même.

Rhabdocidaris maxima (Munster), de Loriol, 1869.

Rhabdocidaris maxima, Ville, *Explorat. géol. du Beni-Mzab et du Sahara*, p. 278, 1872.

— — Coquand, *Bull. Acad. d'Hippone*, p. 316, 1880.

Ville a cité cette espèce sans en donner aucune description, ni aucune figure, sans indiquer s'il s'agit des radioles ou du test, et sans préciser l'horizon où il l'a rencontrée. Coquand a répété cette citation sans plus décrire les exemplaires trouvés, et place l'espèce dans l'argovien.

Comme nous n'avons aucun renseignement précis, nous n'émettons aucune opinion sur la justesse de la détermination, nous contentant de rappeler que le *Rhabdocidaris maxima* a souvent été confondu avec d'autres espèces et qu'il est extrêmement rare en France, où il n'en a encore été recueilli que deux exemplaires (le test) par M. Huguenin, dans les couches supérieures de Crussol.

DIPLOCIDARIS GIGANTEA (Agassiz), Desor, 1856.

DIPLOCIDARIS GIGANTEA, Cotteau, *Bull. Soc. géol.*, 2e série, t. XXVI, p. 531, 1869.
— — Cotteau, Peron et Gauthier, *Ann. des Sc. géol*, t. IV, *Echin. foss. de l'Algérie*, p. 21, 1873.
— — Cotteau, *Paléont. franç.*, terr. jurass., t. X, p. 324, pl. 229-232, 1878.
— — Coquand, *Bull. Acad. d'Hippone*, p. 317, 1880.

Le test de cette espèce n'est représenté dans nos exemplaires algériens que par un fragment assez considérable. L'aire ambulacraire est étroite, onduleuse, et porte deux rangées de granules réguliers et bien développés; les zones porifères sont larges, peu flexueuses, composées de pores bigéminés. Les tubercules interambulacraires, crénelés et perforés, sont entourés d'un ample scrobicule, entouré lui-même par de gros granules.

Les radioles sont nombreux. La tige, épaisse, cylindrique, est couverte de granules qui s'alignent en rangées longitudinales, plus distinctes souvent d'un côté du radiole que de l'autre. Vers la base, les granules prennent parfois une forme écrasée, verruqueuse, irrégulière, qui donne à cette partie du radiole une apparence squameuse ou un aspect très-ridé. Les mêmes variétés ont été retrouvées en Europe, et l'identité des exemplaires algériens ne nous paraît pas contestable.

LOCALITÉ. — Djebel Seba, avec des fossiles séquaniens. En France, le *Diplocidaris gigantea* a été recueilli dans le corallien de l'Yonne, de Besançon, de Champlitte.

Collections Peron, Cotteau, Gauthier.

DIPLOCIDARIS VERRUCOSA, Gauthier, 1873.

Pl. IV, fig. 3.

DIPLOCIDARIS VERRUCOSA, Cotteau, Peron et Gauthier, *Ann. Sc. géol.*, t. IV, *Echin. foss. de l'Algérie*, p. 22, pl. 19, fig. 26, 1873.
— — Cotteau, *Paléont. franç.*, terr. jurass., t. X, p. 338, pl. 235 fig. 5-7, 1878.
— — Coquand, *Bull. Acad. d'Hippone*, p. 318, 1880.

Test inconnu.

Radiole épais, allongé, cylindrique. La tige est ornée de grosses verrues ou d'épines mousses, espacées, disposées sans ordre apparent. L'intervalle qui les sépare, lisse dans les exemplaires frustes, montre dans ceux qui sont mieux conservés de petites lignes granuleuses souvent interrompues et toujours très-effacées. Bouton peu développé, quoique l'anneau soit assez saillant; collerette presque nulle; facette articulaire fortement crénelée.

Remarque. — Nous avons rangé ces radioles dans le genre *Diplocidaris*, à cause de leur analogie avec ceux du *Dipl. gigantea*. Ils se distinguent de ces derniers par la base de leur tige non ridée, par leurs épines émoussées, beaucoup plus volumineuses et beaucoup plus espacées.

LOCALITÉ. — Djebel Seba. Etage séquanien. Le *Dipl. verrucosa* a été également recueilli dans le séquanien de La Rochelle et de Merry-sur-Yonne.

Collection Peron.

EXPLICATION DES FIGURES. — Pl. IV, fig. 3, radiole du *Diplocid. verrucosa*.

HEMICIDARIS AGASSIZI (Rœmer, 1839), Dames, 1872.

Pl. IV, fig. 4 et 5.

HEMICIDARIS DIADEMATA, Cotteau, *Bull. de la Soc. géol.*, 2e série. t. XXVI, p. 531, 1869.
— — Cotteau, Peron et Gauthier, *Ann. des Sc. géol.*, t. IV, *Echin. foss. de l'Algérie*, p, 23, pl. 20, fig. 46-57, 1873.
HEMICIDARIS AGASSIZI, Cotteau, *Paléont. franç.*; terr. jurass., t. X, 2e partie, p. 114, pl. 292-294, 1879.
— — Coquand, *Bull. Acad. d'Hippone*, p. 318, 1880.

Test de taille moyenne, subcirculaire, médiocrement élevé, presque plat en dessous.

Appareil apical à fleur de test, subpentagonal, granuleux. Les plaques génitales sont perforées près du bord; la plaque madréporiforme, d'apparence spongieuse, est un peu plus développée que les autres; les plaques ocellaires, très-petites, s'intercalent dans les angles des plaques génitales.

Zones porifères légèrement ondulées, très-étroites, formées de pores arrondis, disposés par simples paires sur toute la face supérieure, se multipliant près du péristome. Aires ambulacraires assez larges à l'ambitus, ornées de deux rangées de tubercules, relativement gros, crénelés et perforés. A la face supérieure, ils diminuent subitement de volume. Granules intermédiaires abondants près du sommet, moins nombreux au pourtour.

Aires interambulacraires garnies de deux rangées de gros tubercules crénelés et perforés, diminuant sensiblement de volume à la partie supérieure, les deux derniers étant très-atténués. Scrobicules peu distincts. Zone miliaire assez large, portant des granules inégaux et épars.

Péristome assez grand, subdécagonal.

Périprocte entouré par les plaques de l'appareil apical, subcirculaire.

En même temps que le test, M. Peron a recueilli des radioles appartenant à cette espèce. Ils sont minces, assez longs, souvent tricarénés ou irrégulièrement cylindriques, et ne diffèrent en rien de ceux qu'on a trouvés en France encore attachés au test.

Localité. — Djebel ben Ammade, département d'Alger. Etage séquanien. — L'*Hemicidaris Agassizi* s'est montré en Europe dès le terrain à chailles; mais l'horizon où on le trouve le plus fréquemment est le même qu'en Algérie. C'est une des espèces les plus abondantes à Tonnerre.

Collection Peron.

Explication des figures. — Pl. IV, fig. 4, *Hemicid. Agassizi*, vu de côté; fig. 5, face sup.

Hemicidaris crenularis (Lamarck), Agassiz, 1840.

Pl. IV, fig. 6 et 7.

Hemicidaris crenularis, Cotteau, Peron et Gauthier, *Ann. des Sc. géol.*, t. IV ; *Echin. foss. de l'Algérie* p. 23, pl. 20, fig. 48-49, 1873.
— — Cotteau, *Paléont. franç.*, terr. jurass., t. X, 2e partie, p. 85, pl. 288.
— — Coquand, *Bull. Acad. d'Hippone*, p. 318, 1880.

Radioles claviformes, épais, rétrécis à la base, s'élargissant légèrement jusqu'à l'extrémité, qui présente une surface subcirculaire, plus ou moins renflée, couverte de lignes ponctuées peu régulières, aboutissant au centre. La tige de nos exemplaires est usée par le frottement, et il ne nous a pas été possible de constater la présence des stries longitudinales qui ornent les radioles de l'*Hemicid. crenularis*. Nous croyons cependant que c'est à cette espèce qu'il faut rapporter les quatre exemplaires que M. Peron a recueillis en Algérie. Le forme générale, les rayons granuleux dont est couverte l'extrémité, nous ont engagés à cette détermination. Deux de ces radioles sont de grande taille et plus volumineux que ne le sont ordinairement les exemplaires européens; mais ce n'est pas une raison suffisante pour les séparer spécifiquement.

Localité. — Djebel Seba. Etage séquanien.

Collection Peron.

Explication des figures. — Pl. IV, fig. 6, radiole de l'*Hemicid. crenularis* ; fig. 7, sommet du même radiole.

Hemicidaris stramonium, Agassiz, 1840.

Pl. V, fig. 1 et 2 et pl. VI, fig. 1-3.

Espèce de taille moyenne, de forme variable, le plus souvent haute, renflée, légèrement déprimée au sommet, presque plane en dessous.

Zones porifères subonduleuses, étroites, à fleur de test, composées de pores petits, très-rapprochés les uns des autres, disposés par paires obliques, séparés par un petit renflement saillant, se multipliant autour du péristome. Aires ambulacraires subonduleuses, très resserrées au sommet, s'élargissant en se rapprochant de l'ambitus, garnies de tubercules assez gros, saillants, crénelés et perforés, disposés très irrégulièrement; les plus voisins du pourtour sont rangés en deux séries assez distinctes; mais ceux qui viennent au-dessus, plus développés que les premiers, affectent une disposition alterne et forment une ligne brisée qui s'élève plus ou moins haut au-dessus de l'ambitus, et sont remplacés, vers le sommet, par deux rangées régulières de granules inégaux; d'autres petits granules assez rares occupent l'espace intermédiaire entre les tubercules.

Aires interambulacraires pourvues de deux rangées de gros tubercules fortement mamelonnés, crénelés et perforés, au nombre de sept par série, très-saillants surtout à la face supérieure. Scrobicules larges, arrondis, se touchant quelquefois par la base, entourés d'un cercle plus ou moins complet de granules fins, délicats, homogènes, espacés, souvent mamelonnés; les cercles scrobiculaires touchent les zones porifères et sont accompagnés de petites verrues microscopiques. Zone miliaire étroite, sinueuse, occupée par les granules scrobiculaires auxquels se mêlent çà et là de petites verrues d'autant plus nombreuses que la taille de l'exemplaire est plus développée.

Péristome peu étendu, à fleur de test, marqué d'entailles plus ou moins profondes.

Périprocte irrégulièrement elliptique.

Appareil apical assez grand, solide, subpentagonal, granuleux; plaques génitales perforées à une petite distance du bord, inégales, les deux plaques postérieures un peu moins grandes que les autres; plaques ocellaires petites, subtriangulaires, intercalées à l'angle des plaques génitales; quelquefois cependant les deux plaques postérieures ou l'une d'elles aboutissent directement sur le périprocte.

Radioles allongés, subcylindriques, épais, non resserrés au col, plus ou moins aciculés, paraissant lisses, mais garnis, sur la tige, de stries fines et longitudinales. Collerette nulle, bouton plus ou moins gros. Anneau strié; facette articulaire crénelée.

Nous avons fait figurer un magnifique exemplaire recueilli par M. Durand; il est muni de tous ses radioles et remarquable par sa grande taille; il diffère un peu des échantillons qu'on rencontre en France et en Suisse par ses tubercules ambulacraires s'élevant plus haut sur la face supérieure et visibles encore à peu de distance du sommet, mais tous ses autres caractères ne permettent pas de le séparer de l'*Hemicidaris stramonium*. Cet exemplaire est dégagé de manière qu'on peut voir à la fois les radioles qui adhèrent aux tubercules de la face supérieure et ceux de la face inférieure; les derniers sont plus allongés, plus aciculés, plus étroits vers la base que les radioles supérieurs; dont la tige est moins longue, plus épaisse et plus renflée.

Rapports et différences. — Malgré les quelques variations que cette espèce éprouve dans sa forme plus ou moins haute et renflée, dans le nombre et le développement de ses tubercules ambulacraires, dans la largeur de sa zone miliaire le plus souvent étroite et sinueuse, quelquefois cependant granuleuse et assez étendue, elle se distingue nettement de ses congénères et sera toujours facilement reconnaissable à ses tubercules ambulacraires alternes et formant une ligne brisée, à ses tubercules interambulacraires très-saillants à la face supérieure.

Localité. — Drâ el Ahmar, à l'ouest de Géryville, département d'Oran. Etage kimméridgien?

Collections Durand, Gauthier, Peron, Cotteau, le Mesle.

Explication des figures. — Pl. V, fig. 1, *Hemicid. stramonium*, muni de ses radioles, vu sur la face sup.; fig. 2, face inf. Pl. VI, fig. 1, autre exemplaire, vu de côté; fig. 2, aire ambulacraire grossie; fig. 3, appareil apical grossi.

Hemicidaris Sinzora, Coquand, 1880.

Hemicidaris Sinzora, Coquand, *Bull. Acad. d'Hippone*, p. 319.

Nous ne connaissons cette espèce que par une description que Coquand en a donnée, sans figures. Nous ne pouvons donc que reproduire ce qu'il en a dit :

« Nous rapportons, par analogie de forme, au genre *Hemici-*
« *daris*, un radiole de grande taille, en forme de cône très
« allongé, légèrement renflé dans sa partie médiane, lisse, et
« terminé à son extrémité supérieure par un rebord tranchant

« dominant une excavation assez profonde se terminant par un « plancher plan et uni : on dirait un cratère peu évasé, à parois « presque droites.

« Ce curieux radiole a été découvert par M. Reboud, dans les « assises séquaniennes sur la route d'Aïn-Rich à Aïn-M'garnès « (Hodna). »

Collection Coquand.

Pseudocidaris subcrenularis, Gauthier, 1873.

Pl. IV, fig. 8-11.

Longueur, 13 à 15 mill. — Diam. de la couronne, 12 mill.

Pseudocidaris subcrenularis, Cotteau, Peron et Gauthier, *Ann. des Sc. géol.*, t. IV, *Echin foss. de l'Algérie*, p. 24, pl. 20, fig. 34-37, 1873.
— — Cotteau, *Paléont. franç.*, terr. jurass., t. X, 2e partie, p. 30, pl. 269, fig. 1-5, 1879.
— — Coquand, *Bull. Acad. d'Hippone*, p. 322, 1880.

Test inconnu.

Radiole extrêmement court, en forme de cône renversé, très dilaté au sommet, à tel point qu'il est presque aussi large que long, assez mince à la base. Le sommet est terminé par une couronne de pointes saillantes, nombreuses ; l'intérieur de cette couronne est convexe, couvert de côtes tuberculeuses et convergeant au centre; dans un de nos exemplaires, ces côtes sont remplacées par des séries de véritables pointes. La tige, resserrée à la base, s'élargit très rapidement : elle est également couverte de côtes granuleuses, peu accentuées, dont chacune correspond à l'une des pointes de la couronne terminale.

Ce n'est que par analogie que nous rapportons ces radioles au genre *Pseudocidaris*, puisque nous n'en possédons pas le test.

Nous n'en connaissons que trois exemplaires; mais la forme est si caractéristique, que nous n'avons pas hésité à en faire une espèce nouvelle.

Rapports et différences. — Comme forme générale, les radioles du *Pseudocidaris subcrenularis* rappellent ceux de l'*Hemicidaris crenularis*, mais ils sont beaucoup plus courts, quoique aussi larges au sommet. Les ornements sont aussi différents, car, à la place des stries si fines qui couvrent la tige dans l'*Hemicidaris crenularis*, ils portent des côtes granuleuses, relativement grosses et espacées, quoique aplaties et peu saillantes

LOCALITÉ. — Chellalah, département d'Alger. Etage séquanien. Collection Peron.

EXPLICATION DES FIGURES. — Pl. IV, fig. 8 et 9, radioles du *Pseudocid. subcrenularis*; fig. 10, radiole grossi ; fig. 11, sommet grossi.

PSEUDOCIDARIS RUPELLENSIS, Cotteau, 1873.

Pl. IV, fig. 12-16.

HEMICIDARIS RUPELLENSIS. Cotteau, *Notes sur les Echin. du terr. jur. de l'Algérie. Bull. Soc. géol.*, 2e série, t. XXVI, p. 532, 1869.
PSEUDOCIDARIS RUPELLENSIS, Cotteau, Peron et Gauthier, *Ann. des Sc. géol.*, t. IV, *Echin. foss. de l'Algérie*, p. 26, pl. 20, fig. 27-33, 1873.
— — Cotteau, *Paléont. franç.*, terr. jur., t. X, 2e partie, p. 28, pl. 267, fig. 9-12, et pl. 268, 1879.
— — Coquand, *Bull. Acad. d'Hippone*, p. 321, 1880.

Test inconnu.

Radioles claviformes, de taille parfois considérable, de longueur médiocre, épais, renflés, toujours aplatis d'un ou de plusieurs côtés, arrondis au sommet, très rétrécis à la base. La tige est recouverte de stries fines, longitudinales, difficiles à distinguer sur les exemplaires un peu frustes. Collerette courte et mince; facette articulaire crénelée.

Ce n'est que par analogie que nous rangeons cette espèce parmi les *Pseudocidaris*. L'énorme développement de certains radioles en même temps que l'exiguité du bouton et de la facette articulaire font présumer que les tubercules du test étaient de dimensions médiocres et éloignés l'un de l'autre, ce qui est un des caractères de ce genre. La grosseur du test ne devait même pas être en rapport avec l'épaisseur des radioles, et c'est sans doute par suite du manque d'espace qu'ils offrent tous cet aplatissement caractéristique sur un ou plusieurs de leurs côtés.

On a quelquefois confondu cette espèce avec les radioles du *Ps. mammosa*, auxquels elle se trouve associée dans le corallien de La Rochelle. Mais la forme et l'ornementation sont très-différentes; au lieu des granules qui couvrent la tige de ces derniers, notre espèce est ornée de stries très-fines, et son aspect anguleux ne rappelle guère les radioles arrondis du *Ps. mammosa.* Il n'y a que la collerette qui présente une grande analogie; mais, comme nous le faisions remarquer précédemment, c'est ici un rapport générique bien plutôt qu'une ressemblance spécifique.

Localité. — Le *Pseudocidaris rupellensis* n'est pas rare en Algérie; nous en avons une douzaine d'exemplaires entre les mains, recueillis par M. Peron au Djebel Seba (bivouac). Etage séquanien. En France, outre La Rochelle, on l'a recueilli aussi dans l'Yonne, près de Tonnerre, dans des couches où l'on n'a pas encore signalé la présence du *Ps. mammosa.*

Collections Peron, Cotteau, Gauthier.

Explication des figures. — Pl. IV, fig. 12, radiole du *Pseudocid. rupellensis*; fig. 13, sommet du même radiole; fig. 14, 15 et 16, autres radioles.

Pseudocidaris mammosa (Agassiz), de Loriol, 1869.

Pseudocidaris mammosa (*pars*), Cotteau, Peron et Gauthier, *Ann. des Sc. géol.*, t. IV, *Echin. foss. de l'Algérie*, p. 25, pl. 20, fig. 41-44 (*exclus* 38-40), 1873.

— — Cotteau, *Paléont. franç.*, terr. jurass., t. X, 2e partie, p. 21. pl. 266-267, 1879.

— — Coquand, *Bull. Acad. d'Hippone*, p. 321, 1880.

Radioles épais, de grande taille, glandiformes, parfois étranglés vers le milieu de la tige, arrondis plus ou moins régulièrement à l'extrémité. La surface est couverte de granules très-fins, un peu plus apparents vers le sommet, et formant le plus souvent des séries linéaires très-rapprochées. Le rétrécissement du col se produit subitement, et la collerette elle-même est très-courte et assez épaisse. Anneau saillant; facette articulaire crénelée.

Les radioles que nous décrivons ici ont une grande conformité avec ceux qu'on recueille à La Rochelle. Les quelques variations qu'on peut remarquer ne sont pas assez considérables pour qu'il soit possible de les séparer spécifiquement, et la diversité des formes qu'on trouve dans la Charente-Inférieure se reproduit dans les exemplaires algériens.

Lorsque nous avons signalé cette espèce pour la première fois, nous avons réuni au vrai type, après bien des hésitations, quelques exemplaires provenant de Chellalah, dont les granules sont beaucoup plus accentués. La pauvreté de nos matériaux nous avait fait assimiler ces radioles à quelques-uns de ceux qu'on rencontre à La Rochelle, dont les granules prennent en effet un développement plus considérable que les autres. Mais depuis, M. le Mesle a recueilli au Djebel Recchiga une grande quantité de ces radioles à gros granules, offrant tous un type remarquablement constant, et ne présentant jamais les étranglements ou les difformités des radioles du *Ps. mammosa*. Il nous a paru dès lors qu'il n'était plus possible de n'y voir qu'une variété de cette dernière espèce, d'autant plus qu'il n'y a pas dans ce grand nombre d'exemplaires un seul individu qu'on puisse attribuer au *Ps. mammosa* véritable. Nous en avons donc fait une espèce particulière que nous décrirons plus bas.

Localité. — Le *Pseudocidaris mammosa* a été recueilli par M. Peron au Djebel Seba (le Pic), à Chellalah, bivouac de Matka Liamoun, et par M. le Mesle au Djebel ben Ammade. Étage séquanien. Assez abondant.

Collections Peron, Cotteau, Gauthier, le Mesle.

Pseudocidaris recchigana, Peron et Gauthier, 1883.

Pl. VI, fig. 4-8.

Pseudocidaris mammosa (*pars*), Cotteau, Peron et Gauthier, *Ann. des Sc. géol.*, t. IV, *Echin. foss. de l'Algérie*, p. 25, pl. 20, fig. 38-40 (*exclus* 41-44), 1873.

Test inconnu.

Radiole de grande taille, allongé, renflé aux deux tiers de la hauteur, plus souvent terminé en pointe épaisse qu'arrondi au sommet, diminuant régulièrement jusqu'à la collerette, ce qui donne à l'ensemble un aspect presque pyriforme. La tige, à partir de la collerette, est couverte de granules sporadiques ou sériés assez fins, le plus souvent de simples stries longitudinales qui s'effacent facilement sur les exemplaires un peu frustes. Aux deux tiers de la hauteur, à l'endroit du plus fort renflement, les granules prennent un grand développement; la plupart sont acérés, spiniformes, et ils conservent la même grosseur et le même aspect jusqu'au sommet. La collerette est courte et peu distincte, la tige s'amincissant jusqu'à l'anneau, qui est peu saillant. Facette articulaire crénelée.

Rapports et différences. — Comme nous l'avons dit, nous séparons le *Pseudocidaris recchigana* du *Ps. mammosa,* auquel nous l'avions réuni, en 1873, par suite de l'insuffisance de nos matériaux. Les deux types se distinguent facilement. Le *Pseudocidaris recchigana* offre un aspect plus pyriforme, plus régulier; la tige ne présente pas ce rétrécissement subit que l'on remarque sur l'autre espèce, à la naissance de la collerette; le sommet est ordinairement moins arrondi. Sur une cinquantaine d'exemplaires, nous n'en avons pas vu un seul qui soit étranglé, et les gros granules de la partie supérieure diffèrent tout spécialement de la granulation délicate du *Pseud. mammosa.* La ressemblance serait peut-être plus grande avec les radioles du *Pseud. Thurmanni.* Nos exemplaires s'en éloignent par leur taille constamment plus considérable, par leur base plus allongée, par leurs granules plus développés et semblables à des épines à la partie supérieure.

Localité. — Le *Pseudocidaris recchigana* a été recueilli par M. Peron à Chellalah, et par M. le Mesle, en grande quantité, au Djebel Recchiga, département d'Alger. Étage séquanien.

Collections Gauthier, Peron, le Mesle, Cotteau.

Explication des figures. — Pl. IV, fig. 4, radiole du *Pseudocid. recchigana*; fig. 5, sommet du même radiole; fig. 6, 7 et 8, autres radioles.

Pseudocidaris Durandi, Peron et Gauthier, 1883.

Pl. VI, fig. 9-12 et pl. VII.

Dimensions :	Diam., 29 mill.	Haut., 20 mill.	Diamèt. du périst., 12 mill.
	— 24	— 15	— 11

Test de taille moyenne, circulaire, renflé au pourtour, déprimé en dessus et en dessous.

Appareil apical solide, peu développé, composé de cinq plaques génitales dont les deux antérieures sont un peu plus grandes que les autres. La plaque madréporiforme est d'apparence spongieuse; toutes sont couvertes de granules et perforées près du bord. Les plaques ocellaires, très-petites, s'intercalent dans les angles des plaques génitales.

Zones porifères onduleuses, formées de pores disposés par simples paires, obliques entre eux, se multipliant à peine autour du péristome. Aires ambulacraires ordinairement très-étroites, ne s'élargissant pas au pourtour. Elles portent, à partir du péristome, deux rangées de semitubercules, qui ne s'élèvent pas au-dessus de la face inférieure, au nombre de trois ou quatre par série. Ce n'est qu'en cet endroit que l'aire s'élargit un peu. Au-dessus des semitubercules, l'aire est occupée par deux rangées de granules serrés et réguliers, qui se continuent jusqu'au sommet. L'espace intermédiaire est à peu près nul. Dans d'autres exemplaires, l'aire ambulacraire, tout en présentant les mêmes détails, est un peu plus large dès le sommet; mais alors elle ne s'élargit pas à l'endroit des semitubercules, et l'espace entre les deux rangées de granules étant un peu plus développé, laisse voir un assez grand nombre d'autres granules plus petits et de verrues microscopiques.

Aires interambulacraires larges, ornées de deux rangées de gros tubercules crénelés et perforés, au nombre de cinq ou six; un septième tubércule, n'excédant guère la taille des granules scrobiculaires, termine la rangée près du sommet. Scrobicules ronds, peu déprimés, médiocrement étendus, la base des tubercules étant très-développée. Cercles scrobiculaires composés de gros granules, réguliers, entiers à la partie supérieure, se confondant par la base à partir du pourtour. Beaucoup de ces granules portent encore les petits radioles plats qui entourent la base du tubercule; quelques-uns atteignent jusqu'à trois millimètres de longueur. Zone miliaire nulle, les granules scrobiculaires occupant tout l'espace; il existe cependant sur quelques individus, surtout sur ceux dont l'aire ambulacraire est plus large, une petite bande entre les gros granules.

Péristome à fleur de test, subcirculaire, assez étroit, marqué d'entailles légères; les lèvres interambulacraires sont un peu plus larges que les autres.

Périprocte ovale, entouré par les plaques génitales.

Radioles très-allongés, assez gros, prenant différentes formes, selon la place qu'ils occupent sur le test. Ceux qui sont près du sommet sont plus courts et subfusiformes; au pourtour, ils atteignent cinquante millimètres de longueur, et montrent immédiatement au-dessus de la collerette un léger renflement; le reste de la tige est cylindrique; à la partie inférieure du test, le renflement s'atténue beaucoup, s'efface même presque complétement, et alors le radiole est entièrement cylindrique. La tige est partout couverte de granules épars, nombreux, bien visibles, disposés sans ordre apparent. Quelques-uns, cependant, surtout vers l'extrémité du radiole, s'alignent pour former des séries longitudinales. Collerette presque nulle; anneau saillant, strié; facette articulaire crénelée.

Remarque. — La forme allongée de ces radioles soulève nécessairement une question : notre espèce appartient-elle réellement au genre *Pseudocidaris?* Ce genre a été établi par M. Desor, pour distinguer parmi les *Hemicidaris* les types à ambulacres onduleux et à radioles glandiformes. Il faut bien reconnaître que le *Ps. Durandi* n'est pas fait pour consolider cette division générique. La forme très-allongée de ses radioles, malgré le léger renflement qu'ils montrent au-dessus de la collerette, s'accorde médiocrement avec la diagnose établie; elle rappelle plutôt les vrais *Hemicidaris*, tandis que les ambulacres sont bien ceux des *Pseudocidaris:* c'est un terme intermédiaire. On pourra objecter que la disposition onduleuse de l'aire ambulacraire suffit pour donner un caractère particulier aux *Pseudocidaris;* mais cette disposition n'est elle-même qu'une question de degré. Tous les *Hemicidaris* n'ont pas les ambulacres rectilignes, et il serait facile d'en citer qui offrent, d'une façon moins accentuée il est vrai, des zones porifères onduleuses et des radioles renflés à la base, sur la partie supérieure de l'oursin, sans cesser pour cela d'être de véritables *Hemicidaris*. Nous avons néanmoins rangé notre espèce parmi les *Pseudocidaris*, pour nous conformer à la méthode ordinairement suivie et ne point repousser ici un genre que nous avons adopté ailleurs. La seule conclusion que l'on puisse tirer de ce que nous venons de dire, c'est que les limites entre le genre *Hemicidaris* et le genre *Pseudocidaris* sont très-étroites, et qu'on pourrait supprimer le second sans commettre une hérésie bien considérable.

Rapports et différences. — Nous n'avons pas pensé que les variations que nous avons signalées dans certains exemplaires pussent autoriser à les séparer spécifiquement : peut-être n'est-ce qu'une différence sexuelle. Le test du *Pseudocidaris Durandi* offre les plus grands rapports avec le *Ps. Quenstedti,* Cotteau (1), et ce n'est pas sans hésitation que nous en faisons une espèce distincte. Les mêmes variations dans la largeur des aires ambulacraires se retrouvent dans les deux espèces, les mêmes dispositions des gros tubercules, le même développement des granules scrobiculaires. Dans nos exemplaires algériens, le péristome paraît moins développé et plus circulaire. En outre, nous ne connaissons pas les radioles du *Ps. Quenstedti,* et l'identité des deux espèces ne pourra pas être affirmée tant qu'on n'aura pas prouvé que les radioles sont semblables.

Nous avons pu étudier au moins une quarantaine d'exemplaires munis de leurs radioles. Tous ont été recueillis par M. le commandant Durand, dans les environs de Géryville. Par une coïncidence heureuse, ces oursins, empâtés dans une pierre très-dure, sont siliceux, tandis que la gangue est calcaire. Avec une patience admirable, M. Durand est parvenu à dégager ces échinides au moyen d'un acide ; tous les radioles sont adhérents, et cette espèce est si abondante qu'il s'en trouve trois, quatre, jusqu'à neuf individus sur des plaques calcaires d'une étendue restreinte. Un de ces exemplaires a conservé sa mâchoire ; elle est conforme à celle que nous trouvons aujourd'hui dans les *Cidaris* vivants.

Localité. — Drâ el Ahmar, à l'ouest de Géryville, département d'Oran. Étage kimméridgien ? — On trouve dans les mêmes couches l'*Hemicidaris stramonium* et de grands exemplaires du *Terebratula subsella.*

Collections Durand, Gauthier, Peron, Cotteau, Le Mesle.

Explication des figures. — Pl. VI, fig. 9, *Pseudocid. Durandi,*

(1) *Paléont. franç.*, terrains jurassiques, t. X, 2e partie, p. 17, pl. 264.

vu de côté ; fig. 10, face inf. ; fig. 11, aire ambulacraire grossie ; fig. 12, aire interambulacraire grossie. Pl. VII, plaque avec plusieurs *Pseudocid. Durandi*, munis de leurs radioles.

Pseudocidaris Alantas, Coquand, 1880.

Pseudocidaris alantas, Coquand, *Bull. de l'Acad. d'Hippone*, p. 322, 1880.

« Test inconnu.

« Radiole irrégulier, spatuliforme, aplati quelquefois sur les « deux faces, et, dans ce cas, bicaréné ou bien muni de trois « carènes obtuses, mais non symétriquement disposées, et, dans « cas, trigibbeux et polygonal, orné sur toute la surface de côtes « longitudinales, minces, également espacées et finement gra- « nuleuses sur tout leur développement, les granules un peu « aigus et presque contigus les uns aux autres, leurs intervalles « lisses et deux fois plus larges qu'elles ; facette articulaire du « bouton crénelée, le bouton petit ; collerette peu développée.

« Cette élégante espèce a été découverte par M. Reboud dans « les assises séquaniennes d'Aïn-Rich à Aïn-M'garnès (Hodna).

« Collection Coquand. »

Nous avons reproduit textuellement la description de l'auteur. Ne connaissant point les exemplaires dont il parle, et aucune figure de cette espèce n'ayant été donnée, nous ne saurions nous prononcer sur les rapports génériques admis par Coquand ; car, si nous comprenons bien la description, ces radioles s'écartent sensiblement de ceux que montre ordinairement le genre *Pseudocidaris*.

Acrocidaris nobilis, Agassiz, 1840.

Acrocidaris nobilis, Cotteau, *Bull. de la Soc. géol.*, 2e série, t. XXVI, p. 532, 1869.
— — Cotteau, Peron et Gauthier, *Ann. des Sc. géol.*, t. IV, *Echin. foss. de l'Algérie*, p. 27, 1873.
— — Cotteau, *Paléont. franç.*, terr. jur., t. X, 2e partie, p. 217, pl. 319, 1879.
— — Coquand, *Bull. Acad. d'Hippone*, p. 321, 1880.

Nous possédons de cette espèce un fragment de test assez considérable et de nombreux radioles. Le test reproduit tous les caractères des exemplaires recueillis en France : plaques génitales portant chacune un gros tubercule; zones porifères onduleuses, formées de pores disposés par simple paire; aires ambulacraires étroites au sommet, larges à l'ambitus, portant deux rangées de tubercules assez gros, diminuant graduellement de volume en approchant du sommet. Les granules intermédiaires sont nombreux et inégaux.

Aires interambulacraires pourvues de deux rangées de gros tubercules crénelés et perforés.

Péristome grand et orné d'incisions distinctes.

Radioles allongés, carénés, de forme variable, quelquefois courbés, avec sommet presque toujours triangulaire. La tige est couverte de stries onduleuses et transversales d'une grande finesse; la collerette n'est pas distincte; facette articulaire crénelée. Quelques-uns de ces radioles, de forme à peu près cylindrique, se rapprochent de ceux de l'*Hemicidaris undulata*, Agassiz. Mais ils sont trop peu nombreux, et cet aspect cylindrique n'est pas assez constant pour que nous les séparions de l'*Acrocidaris nobilis*.

Localité.—Djebel Seba, Chellalah, Djebel-ben-Ammade. Étage séquanien. En France, l'*Acrocidaris nobilis* se rencontre dès la base de l'étage corallien, dans l'Yonne et la Côte-d'Or; il est abondant à La Rochelle, dans le séquanien, au même niveau qu'en Algérie. Il ne paraît pas s'élever plus haut.

Collections Peron, Cotteau, Gauthier.

Acrosalenia libyca, Peron et Gauthier, 1883.

Pl. VIII, fig. 1-4.

Dimensions : Diam., 30 mill. Haut., 13, mill. Diam. du périst., 9 mill.

Espèce atteignant une très-grande taille, de hauteur variable, mais généralement peu considérable, circulaire, déprimée en dessus et en dessous.

Zones porifères droites, composées de pores arrondis, directement superposés par simple paire, se multipliant à peine près du péristome. Aires ambulacraires assez larges, portant de chaque côté une bordure régulière de très-petits tubercules, crénelés et perforés, égaux entre eux, au nombre de trente environ par série dans les exemplaires de taille moyenne. Entre ces deux rangées se trouvent disséminés des granules nombreux, serrés les uns contre les autres, sans former des séries bien caractérisées. L'aire conserve partout la même largeur, sauf tout à fait à l'extrémité supérieure, où elle se rétrécit nécessairement un peu.

Aires interambulacraires larges, surtout au pourtour, portant deux rangées de tubercules crénelés et perforés, au nombre de quatorze à quinze par série sur les individus de taille moyenne. Très-petits près du péristome, ils augmentent régulièrement de volume jusqu'au pourtour, puis ils diminuent de nouveau en se rapprochant du sommet. Ils sont entourés de scrobicules peu profonds et elliptiques. Zone miliaire très-large à la partie supérieure et au pourtour, diminuant d'importance en dessous. Elle est couverte d'une granulation saillante, serrée et uniforme, bordée de chaque côté par les granules, à peine plus gros, des cercles scrobiculaires.

Péristome situé dans une dépression du test, de proportions moyennes, nettement entaillé; les lèvres ambulacraires sont presque aussi grandes que les autres.

Bien que nous ayons eu entre les mains une dizaine d'exemplaires, l'appareil apical nous est inconnu; ce n'est donc que par analogie que nous attribuons cette espèce au genre *Acrosalenia*. Cet appareil ne paraît pas avoir été très-développé.

Rapports et différences. — La zone miliaire largement granuleuse de l'*Acrosalenia libyca* rappelle de loin celle de l'*Acros. Lamarcki;* les aires ambulacraires ont aussi quelque ressemblance; mais les deux types sont complétement différents. Notre espèce est beaucoup plus étalée, plus large; elle atteint une taille considérable, au point que nous n'en connaissons pas d'aussi grande dans le genre. Le grand exemplaire de l'*Acros. Marioni*, figuré dans la *Paléontologie française* (1), n'atteint pas nos exemplaires les plus développés. Les deux espèces sont d'ailleurs fort différentes et ne sauraient être comparées.

(1) *Terrains jurassiques*, t. X. pl. 248.

Localité. — Drâ el Ahmar, à l'ouest de Géryville. Tous les exemplaires ont été recueillis par M. le commandant Durand, dans les couches supérieures du terrain jurassique, avec *Pseudocidaris Durandi* et *Hemicidaris stramonium*.

Collections Durand, Gauthier.

Explication des figures. — Pl. VIII, fig. 1, *Acros. libyca*, vu de côté; fig. 2, face sup.; fig. 3, aire ambulacraire grossie; fig. 4, aire interambulacraire grossie.

Acrosalenia incerta, Peron et Gauthier, 1883.

Pl. VIII, fig. 5-8.

Diamèt. 30 mill. Hauteur, 20 mill. Diamèt. du périst., 15 mill.

Espèce de grande taille, subcirculaire, arrondie, mais déprimée à la partie supérieure, presque plate en dessous.

Zones porifères subonduleuses, formée de pores petits, disposés par simples paires. Aires ambulacraires saillantes, larges, portant de chaque côté une rangée de petits tubercules homogènes, d'abord très-rapprochés près du péristome, un peu plus espacés ensuite, et se prolongeant jusqu'au sommet. L'espace intermédiaire est couvert de granules.

Aires interambulacraires larges, ornées de deux rangées de tubercules crénelés et perforés, augmentant de volume à partir du péristome et atteignant leur plus grand développement au pourtour; à la face supérieure, les deux derniers sont beaucoup plus petits que les autres. Il y en a neuf par série. Les gros tubercules sont entourés de scrobicules peu profonds, couronnés de cercles de granules qui se confondent par la base. Zone miliaire assez restreinte, consistant en quelques granules répandus entre les cercles scrobiculaires. A la partie inférieure, on distingue des lignes verticales granuleuses sur le bord des zones porifères et au milieu de l'aire interambulacraire, entre les rangées de tubercules.

Péristome grand, à fleur de test, marqué d'entailles profondes.

L'appareil apical ne nous est connu qu'en partie; aucun de nos exemplaires n'a conservé les plaques suranales; ce n'est donc que par analogie que nous rangeons cette espèce dans le genre *Acrosalenia*.

Rapports et différences. — Il suffit de lire notre description pour reconnaître que l'*Acrosalenia incerta* est très-voisin de l'*Acros. hemicidaroïdes*. Les quelques différences que l'on peut y remarquer ne consistent guère que dans la plus grande largeur de la zone miliaire; encore ce caractère est-il variable dans l'espèce à laquelle nous comparons nos exemplaires algériens. Ceux-ci sont, en outre, mal conservés, de sorte que nous n'avons pas osé les rapporter catégoriquement à l'espèce précitée. Nous n'avons aucun renseignement précis sur l'horizon auquel ils appartiennent, et, les réunir à l'*Acr. hemicidaroides*, c'eût été affirmer que l'étage bathonien est représenté dans la localité où ils ont été recueillis. Or, le seul fossile rencontré avec cet *Acrosalenia* a été, jusqu'ici, l'*Echinobrissus saharensis* que nous avons décrit plus haut, espèce nouvelle et par conséquent sans valeur pour déterminer un niveau géologique. Dans le doute, il nous a paru plus sage de créer une espèce nouvelle que d'affirmer ce dont nous ne sommes pas sûrs. Si plus tard des exemplaires mieux conservés prouvent l'existence dans ces parages du vrai type de l'*Acros. hemicidaroides*, ou si des études stratigraphiques plus suivies établissent la présence des couches de la grande oolithe en cet endroit, il y aura lieu de réviser le type que nous désignons sous le nom d'*Acr. incerta*, et de décider s'il doit disparaître et se confondre avec l'*Acr. hemicidaroides*.

Localité. — Pente nord du Djebel Orada, à 92 kilomètres S. O. de Géryville. L'*Acrosalenia incerta* a été recueilli par M. Durand, peut-être au même niveau que le *Pseudocidaris Durandi*, comme semblent l'indiquer les coupes stratigraphiques qui nous ont été communiquées.

Collection Durand.

Explication des figures. — Pl. VIII, fig. 5, *Acros. incerta*, vu de côté ; fig. 6, face sup. ; fig. 7, face inf. ; fig. 8, tubercule interambulacraire grossi, vu de profil.

Pseudodiadema hemisphæricum, Desor, 1856.

Pseudodiadema hemisphæricum, Cotteau, Peron et Gauthier, *Ann. des Sc. géol.*, t. IV, *Echin. foss. de l'Algérie*, p. 28, 1873.
— — Coquand, *Bull. Acad. d'Hippone*, p. 323, 1880.

L'exemplaire unique que nous possédons est de petite taille; mais nous avons cru y reconnaître tous les caractères du *Pseudodiadema hemisphæricum*.

Zones porifères droites, formées de pores disposés par simples paires. Tubercules ambulacraires assez gros, formant deux rangées, et s'amoindrissant sensiblement près du sommet. Tubercules interambulacraires plus développés que ceux des ambulacres, formant également deux rangées, crénelés et perforés, diminuant moins rapidement de volume à la partie supérieure. Péristome assez grand, subdécagonal.

Comparé aux exemplaires de même taille recueillis à Tonnerre, cet individu ne présente pas de divergences importantes; nous croyons donc que le rapprochement que nous faisons au point de vue spécifique est exact.

Localité. — Djebel Seba. Étage séquanien. -- C'est au même niveau qu'on le rencontre à Tonnerre et à La Rochelle. On l'a recueilli cependant à un horizon inférieur, dans le calcaire à Chailles, à Druyes et en Suisse.

Collection Peron.

Pseudodiadema planissimum (Agassiz), Desor, 1856.

Forme subcirculaire, arrondie au pourtour, mais très-peu élevée, fortement déprimée en dessus et en dessous.

Zones porifères larges et composées de pores bigéminés à la partie supérieure; se rétrécissant peu à peu et ne montrant plus à l'ambitus que de simples paires. Aires ambulacraires saillantes, étroites, portant deux rangées de tubercules petits et serrés, crénelés et perforés, diminuant un peu de volume aux approches du péristome.

Aires interambulacraires larges, ornées de six rangées de tubercules semblables à ceux des ambulacres, petits et uniformes.

Les deux rangées internes et les deux externes n'atteignent pas complétement le sommet, quoique s'en rapprochant beaucoup. Zone miliaire presque nulle; on y distingue cependant quelques gros granules, surtout à l'ambitus.

Rapports et différences. — Notre unique exemplaire est loin d'être complet; la partie inférieure et la partie supérieure nous manquent. Néanmoins les détails conservés nous ont paru rappeler complétement les caractères du *Pseudodiadema planissimum*, tel qu'il est décrit dans l'*Échinologie helvétique* (1). La forme aplatie qu'il présente, la disposition et le nombre des tubercules concordent parfaitement. Les divergences, s'il en existait dans les exemplaires algériens, ne pourraient se trouver que dans la conformation du péristome et de l'appareil apical, qui nous sont inconnus.

Localité. — Environs de Géryville, avec *Pseudocidaris Durandi*. Collection Durand.

Pseudodiadema mamillanum (Rœmer), Desor, 1856.

Exemplaire de taille moyenne, de hauteur médiocre, pulviné au pourtour, fortement déprimé en dessus et en dessous.

Zones porifères presque droites, formées de pores disposés par simples paires, se multipliant aux approches du péristome. Aires ambulacraires renflées, portant deux rangées de tubercules crénelés et perforés, diminuant graduellement de volume au-dessus et au-dessous de l'ambitus, au nombre de quatorze ou quinze par série. L'espace intermédiaire est étroit et ne montre que quelques granules fort petits, un peu plus développés aux angles des plaques.

Aires interambulacraires larges, ornées de deux rangées de tubercules fortement mamelonnés, plus gros que ceux des ambulacres, assez volumineux au pourtour, décroissant régulièrement à mesure qu'ils s'en éloignent. On en compte neuf ou dix par série. Zone miliaire assez large, surtout à la partie supérieure, couverte de granules nombreux qui se réduisent à deux rangées au-dessous de l'ambitus.

(1) Partie jurassique, p. 179, pl. XXXII, fig. 4.

Péristome grand, subdécagonal, marqué de dix entailles; les lèvres ambulacraires sont moins développées que les interambulacraires.

L'appareil apical n'est pas conservé.

Rapports et différences. — L'exemplaire unique que nous venons de décrire nous paraît bien se rapporter au *Pseudodiadema mamillanum*. Ses tubercules fortement accentués, ses aires ambulacraires saillantes, sa zone miliaire assez large, lui donnent exactement la physionomie de bon nombre d'individus recueillis en Europe. Les zones porifères paraissent moins onduleuses; mais cette différence est peu considérable et ne nous a point paru suffisante pour séparer spécifiquement notre exemplaire des types recueillis en France, qui eux-mêmes présentent des variations assez sensibles.

LOCALITÉ. — Environs de Géryville, département d'Oran. Kimméridgien inférieur? Recueilli par M. Durand dans les couches à *Hemicidaris stramonium*.

Collection Durand.

PSEUDODIADEMA ORANENSE, Peron et Gauthier, 1883.

Pl. VIII, fig. 9-13.

Diamèt., 19 mill. Hauteur, 6 mill. Diamèt., du périst., 8 mill.

Espèce de petite taille, de forme circulaire, aplatie, concave en dessous, déprimée à la partie supérieure.

Zones porifères droites, formées de pores disposés partout par simples paires, sauf près du péristome où ils se multiplient. Aires ambulacraires aiguës près du sommet, un peu plus larges à l'ambitus, ornées de deux rangées de tubercules crénelés et perforés, augmentant progressivement du péristome au pourtour, et, de là, diminuant jusqu'au sommet où ils sont très-réduits. On en compte douze ou treize par série. L'intervalle est occupé par une ligne onduleuse de granules.

Aires interambulacraires larges, portant deux rangées de tubercules très-inégaux. A la partie inférieure, ils prennent un rapide développement; à l'ambitus, ils occupent toute la largeur de l'aire, ne laissant entre chaque rangée que l'espace exigu qu'occupent les granules des cercles scrobiculaires; à la partie supérieure, ils diminuent de volume d'une manière régulière et rapide. Zone miliaire assez large au-dessus du pourtour, les tubercules aboutissant presque aux zones porifères; elle est couverte sur les bords d'une granulation accentuée et reste presque nue au milieu.

L'appareil apical ne nous est pas connu; mais il était peu développé, à en juger par l'empreinte.

Péristome assez grand, subdécagonal, placé dans une dépression du test, et marqué de dix entailles.

Rapports et différences. — *Pseudodiadema oranense* se rapproche du *Ps. conforme* par quelques caractères; mais il s'en distingue facilement par sa forme moins élevée, par ses tubercules interambulacraires plus inégaux, plus développés au pourtour, par sa zone miliaire plus large en dessus, plus étroite à l'ambitus, par son péristome plus grand. Il est plus petit que le *Ps. mamillanum;* le pourtour est moins renflé, la face supérieure plus conique, les tubercules sont moins accentués aux approches du sommet. Ce dernier caractère le rapproche du *Ps. neglectum*, dont il s'éloigne par ses tubercules interambulacraires plus développés au pourtour, et sa zone miliaire beaucoup plus réduite par conséquent.

LOCALITÉ. — Drâ el Ahmar près de Géryville, département d'Oran. Kimméridgien inférieur?

Collection Durand.

EXPLICATION DES FIGURES. — Pl. VIII, fig. 9, *Pseudodiadema oranense*, vu de côté; fig. 10, face sup.; fig. 11, face inf.; fig. 12, aire ambulacraire grossie; fig. 13, aire interambulacraire grossie.

PSEUDODIADEMA FLORESCENS (Agassiz), de Loriol, 1870.

PSEUDODIADEMA FLORESCENS, Cotteau, *Paléont. franç.*, terr. jurass., t. X, 2e partie, p. 317, pl. 348 et 349, fig. 1-4, 1881.

Exemplaire de petite taille, renflé à la partie supérieure, presque plat en dessous.

Appareil apical assez développé, granuleux. Les plaques génitales sont pentagonales et perforées à quelque distance du bord. Une ceinture de granules entoure le périprocte.

Zones porifères droites, formées de pores disposés par simples paires, assez distantes. Aires ambulacraires étroites, finissant en pointe près du sommet, portant deux rangées de tubercules perforés et à peine crénelés à l'ambitus, et diminuant très-sensiblement de volume à la partie supérieure, au point de ne plus se distinguer facilement des granules.

Aires interambulacraires larges relativement, portant deux rangées de tubercules assez distants, plus développés que ceux de l'ambulacre, toujours faiblement crénelés, au nombre de sept à huit. Ils s'effacent peu à peu près du sommet. Zone miliaire large, couverte d'une granulation abondante.

Péristome de dimensions moyennes, subcirculaire, marqué de dix entailles.

L'exemplaire que nous décrivons ici n'a pas atteint tout son développement; néanmoins les caractères qu'il présente sont tellement conformes à ceux des individus plus grands appartenant au *Pseudodiadema florescens*, que nous n'hésitons pas à le leur réunir spécifiquement.

Localité. — Djebel Seba, département de Constantine. Étage séquanien. Très-rare. — C'est également dans le corallien supérieur qu'on a rencontré cette espèce à La Rochelle, à Tonnerre, etc.; mais on la trouve aussi à un niveau un peu inférieur.

Collection Durand.

RÉSUMÉ SUR LES PSEUDODIADEMA

Les couches jurassiques supérieures nous ont donné cinq espèces appartenant au genre *Pseudodiadema: Ps. hemisphæricum, Ps. planissimum, Ps. mamillanum, Ps. florescens, Ps. oranense.*

Deux ont été recueillies dans le département de Constantine : *Ps. hemisphæricum, Ps. florescens.* Trois dans le département d'Oran : *Ps. planissimum, Ps. mamillanum, Ps. oranense.*

Quatre de ces espèces se rencontrent en Europe; une seule, *Ps. oranense*, est, jusqu'à présent, spéciale à l'Algérie, et n'était pas connue avant la publication de notre travail.

GLYPTICUS HIEROGLYPHICUS (Goldfuss), Agassiz, 1840.

GLYPTICUS HIEROGLYPHICUS, Cotteau, *Bull. de la Soc. géol.*, 2e série, t. XXVI, p. 532, 1869.
— — Pomel, *Le Sahara*, p. 30, 1872.
— — Cotteau, Peron et Gauthier, *Ann. des Sc. géol.*, t. IV, *Echin. foss. de l'Algérie*, p. 28, 1873.
— — Coquand, *Bull. de l'Acad. d'Hippone*, p. 328, 1880.

Nous n'avons pu étudier que deux exemplaires de cette espèce, tous deux en mauvais état. Toutefois, la physionomie générale, l'aspect du test, les tubercules interambulacraires déchirés, les tubercules ambulacraires formant deux rangées régulières, ne laissent aucun doute sur les rapports génériques et spécifiques de ces échinides.

Ces deux exemplaires ont été recueillis par M, Peron ; d'autres ont été rencontrés par M. Pomel, qui a signalé leur présence dans ses savantes recherches sur le Sahara.

LOCALITÉ. — Djebel Seba. Étage séquanien. Le *Glypticus hieroglyphicus* se trouve ordinairement en France à un horizon un peu moins élevé, dans le terrain à chailles; mais on le trouve aussi à Tonnerre dans le séquanien, et, en Suisse, dans le calcaire à nérinées de Zwingen et de Caquerelle.

Collection Peron.

Il faut ajouter à cette liste d'échinides jurassiques quelques fragments trop imparfaits pour que nous ayons pu les déterminer sûrement; un fragment de test appartenant à quelque *Hemicidaris* de petite taille; un fragment de *Pygurus* qui pourrait bien être le *P. Blumenbachi*, Agassiz ; la partie inférieure d'un gros radiole de *Rhabdocidaris*, qui rappelle de loin le *Rh. Cartieri*, Desor, et quelques autres débris isolés et peu volumineux.

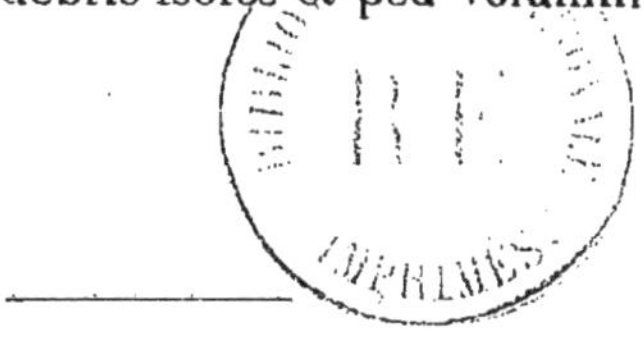

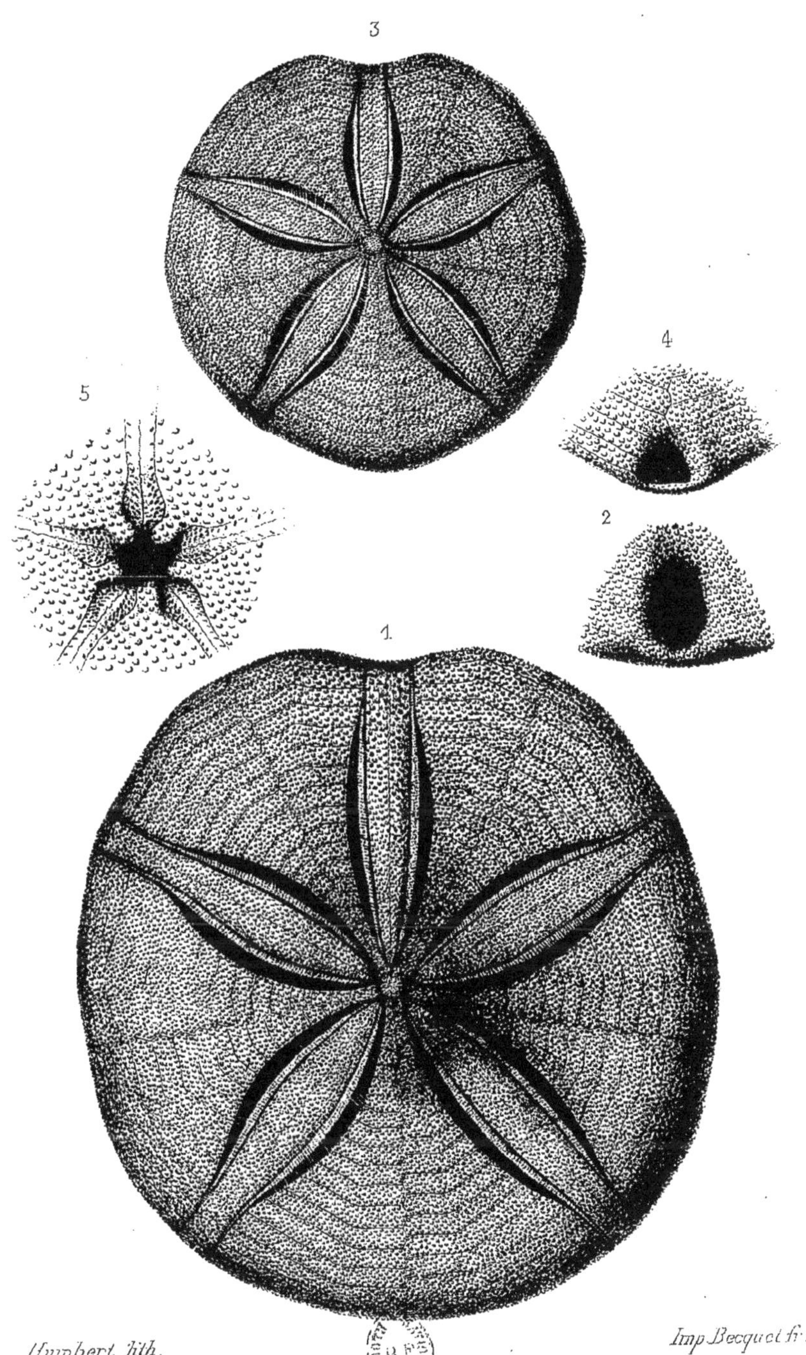

Humbert lith. Imp. Becquet fr. Paris.

1 _ 2. *Pygurus Durandi*, Peron et Gauthier.
3 _ 5. *P. ——— geryvillensis*, ——— ———

Echinides foss. de l'Algérie. 1er fascicule. PL. II.

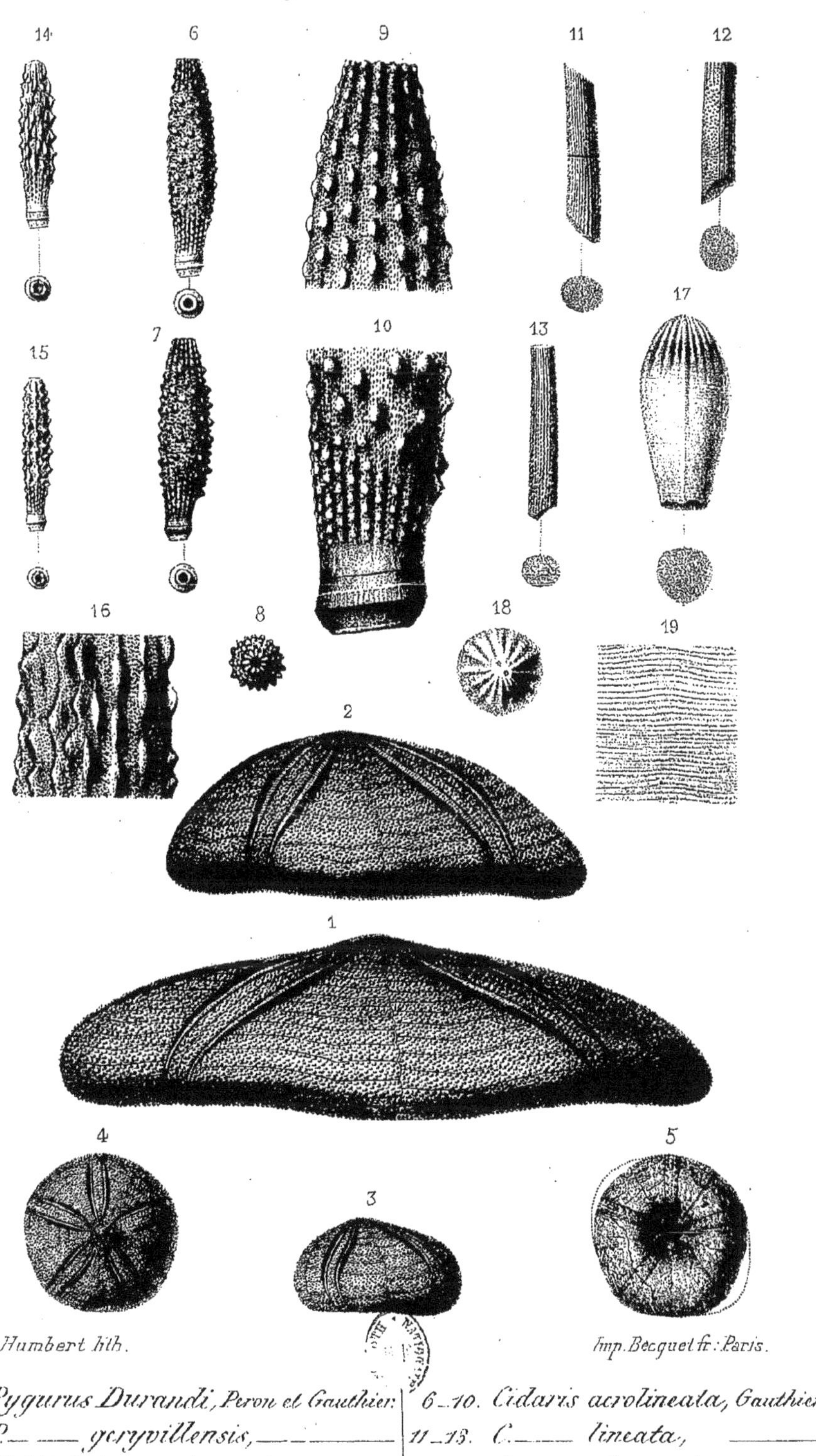

Humbert lith. *Imp. Becquet fr. Paris.*

1. Pygurus Durandi, Peron et Gauthier. | *6–10. Cidaris acrolineata, Gauthier.*
2. P. —— geryvillensis, —— | *11–13. C. —— lineata, ——*
3–5. Echinobrissus saharensis, —— | *14–16. C. —— platyspina, ——*

17–19. Cidaris carinifera, Agassiz.

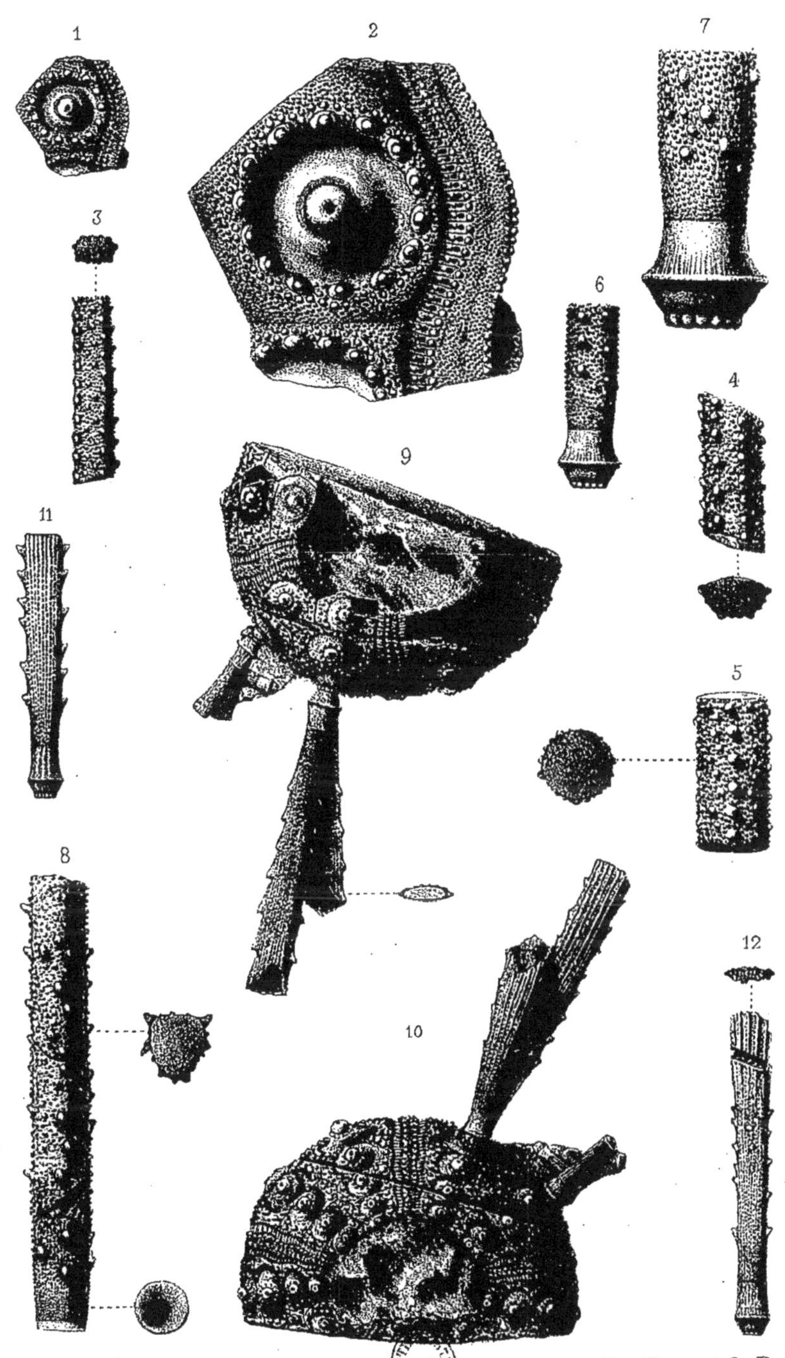

Humbert lith. Imp. Becquet fr. Paris.

1 _ 2. *Cidaris millepunctata*, Gauthier.
3 _ 8. *Rhabdocidaris virgata*, ———
9 _ 12. *R.* ——— *Durandi*, ———

Echinides foss. de l'Algérie. 1er fascicule. PL. IV.

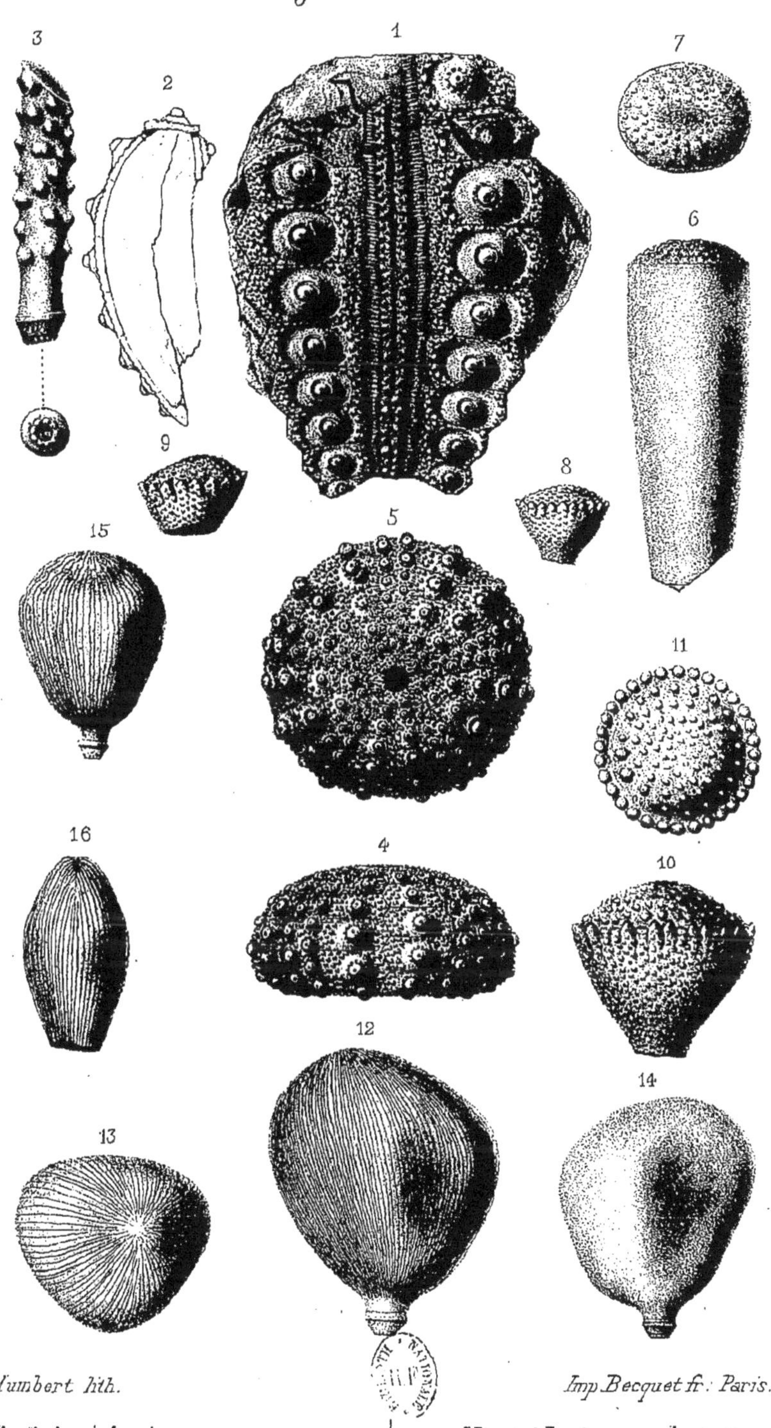

Humbert lith. Imp. Becquet fr. Paris.

1_2. Rhabdocidaris sp.

3. Diplocidaris verrucosa, Gauthier.

4_5. Hemicidaris Agassizi (Rœmer), Dames.

6_7. Hemicidaris crenularis, (Lamarck), Agassiz.

8_11. Pseudocidaris subcrenularis, Gauthier.

12_15. P. ——— rupellensis, Cotteau.

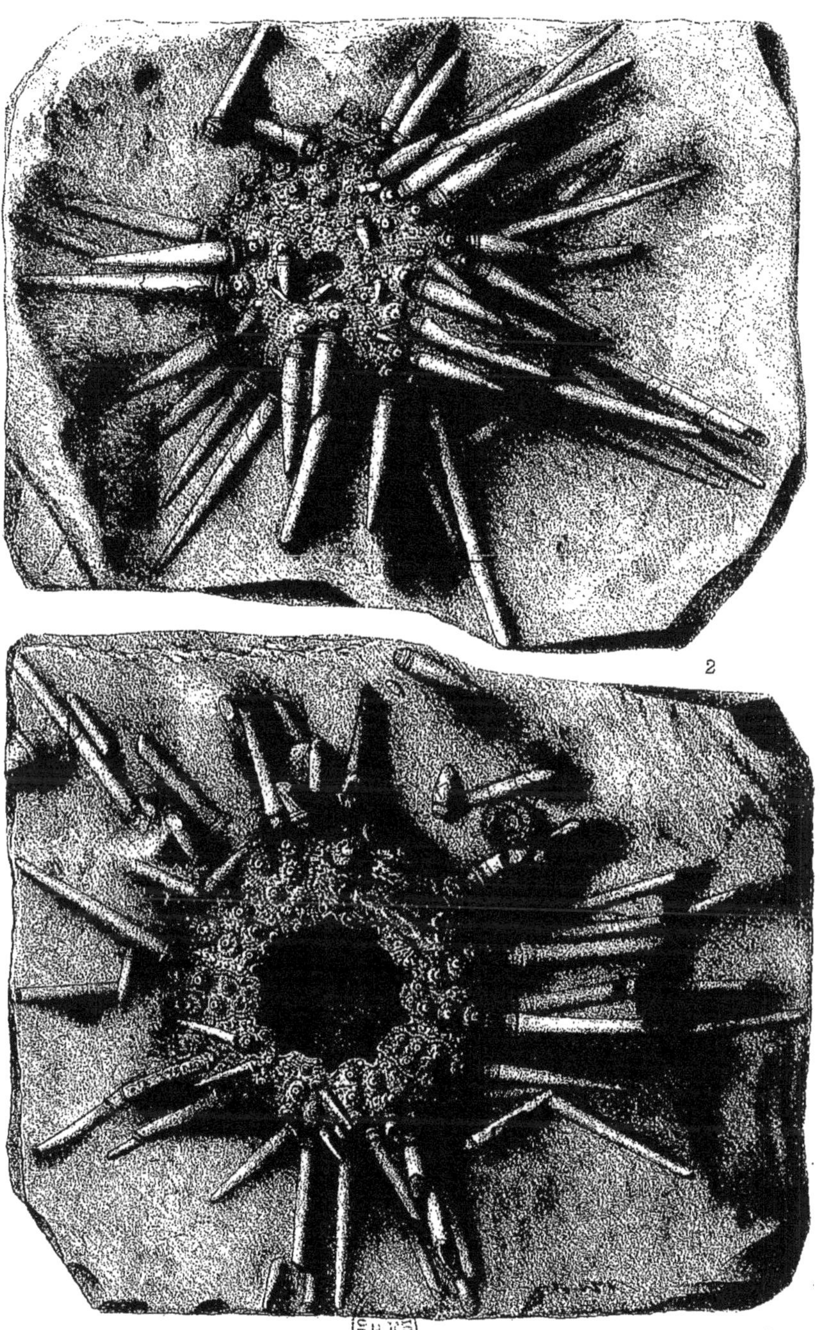

Humbert lith. Imp. Becquet fr. Paris.

Hemicidaris stramonium, Agassiz.

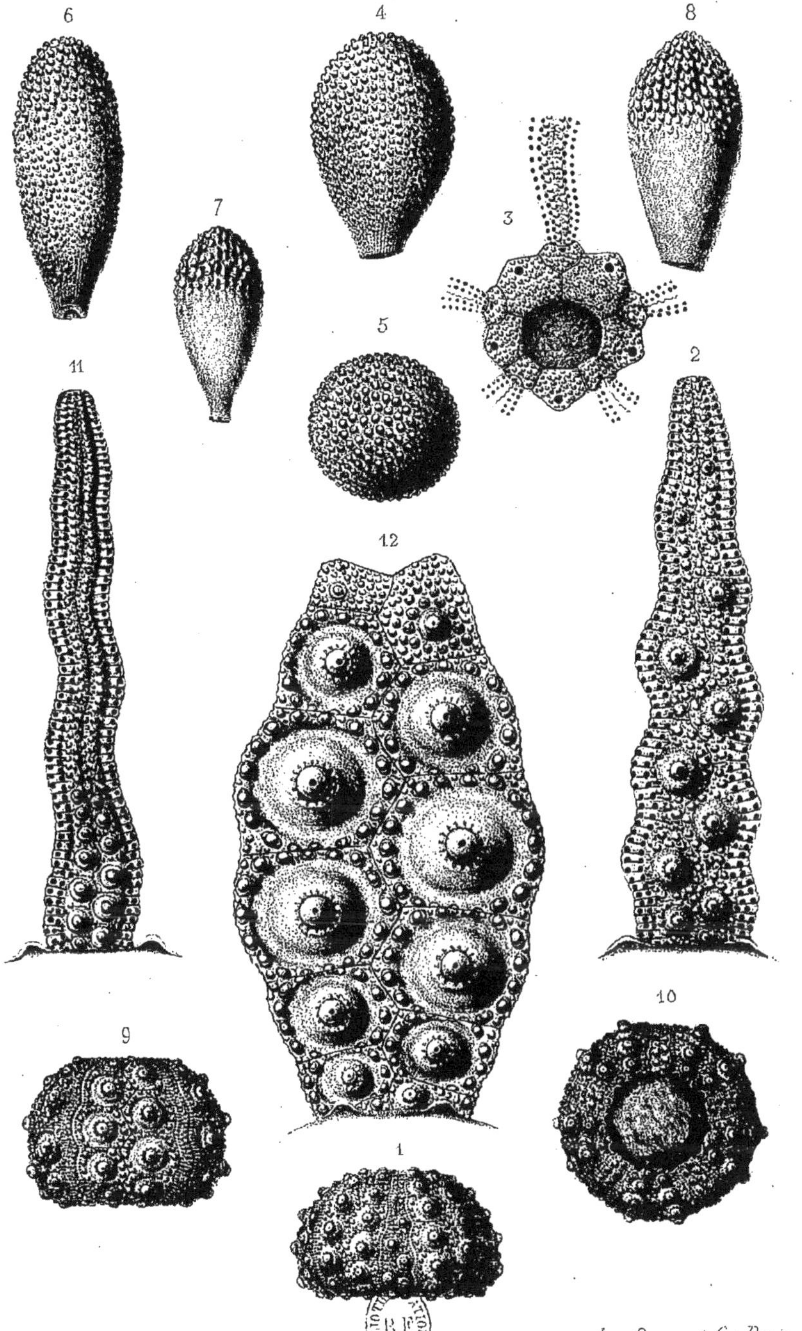

6 4 8 7 3 5 11 2 12 10 9 1

Humbert lith.

Imp. Becquet fr. Paris.

1 _ 3. *Hemicidaris stramonium*, Agassiz.

4 _ 8. *Pseudocidaris recchigana*, Peron et Gauthier.

9 _ 12. *P.* ——— *Durandi*, ——— ———

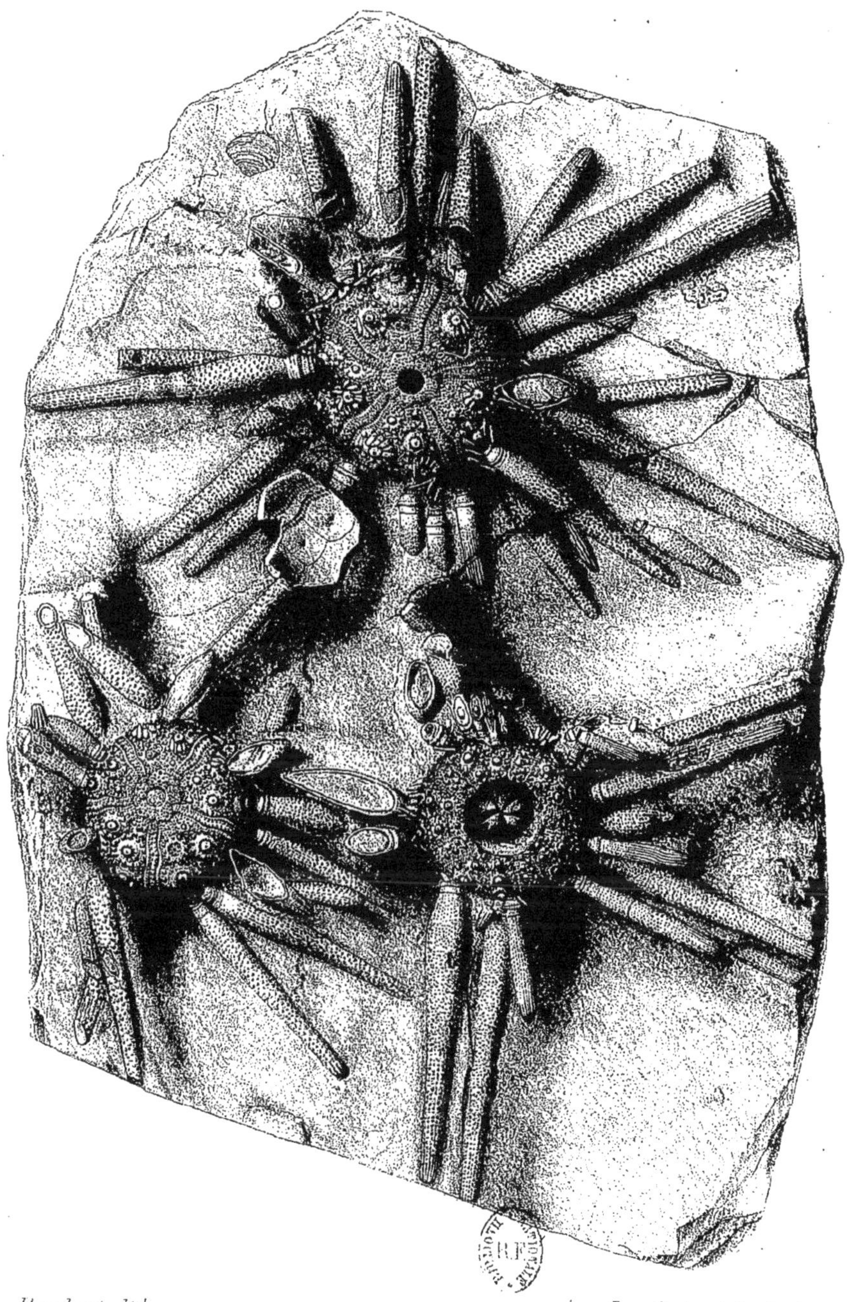

Humbert lith. Imp. Becquet fr. Paris.

Pseudocidaris Durandi, Peron et Gauthier.

Echinides foss. de l'Algérie. 1er fascicule. PL. VIII.

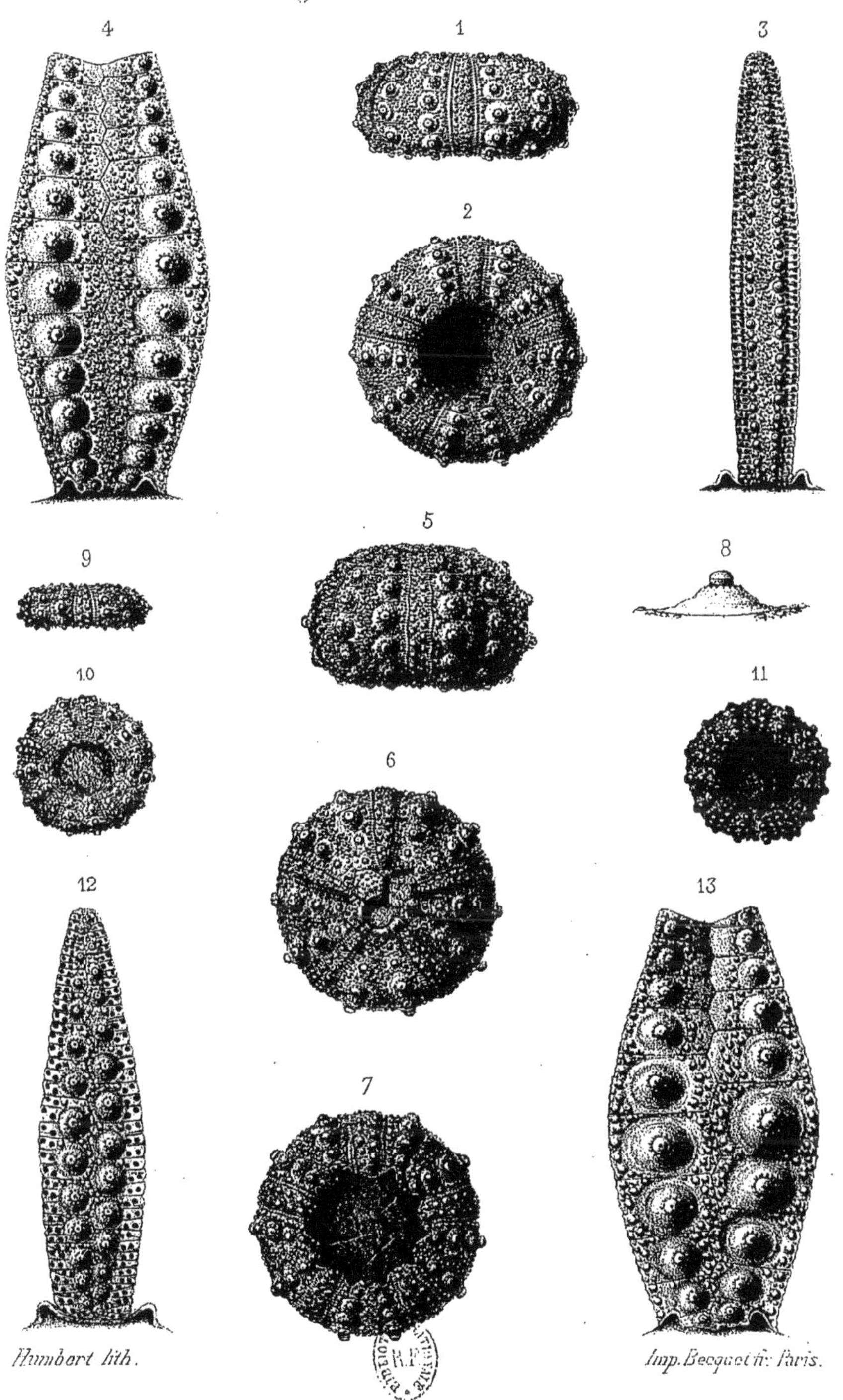

1 _ 4. Acrosalenia libyca, Peron et Gauthier.
5 _ 8. A. ——— incerta, ——— ———
9 _ 13. Pseudodiadema oranense, ——— ———

www.ingramcontent.com/pod-product-compliance
Ingram Content Group UK Ltd.
Pitfield, Milton Keynes, MK11 3LW, UK
UKHW021225230726
13926UKWH00003B/1248